二战兵器图鉴系列

白头鹰之爪

——二战美军单兵武器装备

第二版

军情视点 ◎ 编

化学工业出版社

·北京·

本书在第一版的基础上，详细介绍了二战时期美军所使用的各种单兵武器装备，包括枪械、弹药、手榴弹、轻型反坦克武器、火焰喷射器、军服、徽章、标志、单兵口粮和战地用具等，对每种武器装备都全面讲解了研发历史、作战性能和实战表现等知识。此外，书中还加入了不少与之相关的趣闻，以增强阅读的趣味性。

本书不仅是广大青少年朋友学习军事知识的不二选择，也是军事爱好者收藏的绝佳对象。

图书在版编目（CIP）数据

白头鹰之爪：二战美军单兵武器装备/军情视点编．—2版．北京：化学工业出版社，2017.10（2023.1重印）
（二战兵器图鉴系列）
ISBN 978-7-122-30540-4

Ⅰ．①白… Ⅱ．①军… Ⅲ．①单兵-武器装备-介绍-美国 Ⅳ．①E922

中国版本图书馆CIP数据核字（2017）第213637号

责任编辑：徐　娟　　　　装帧设计：韩　飞
责任校对：王素芹

出版发行：化学工业出版社（北京市东城区青年湖南街13号　邮政编码100011）
印　　装：大厂聚鑫印刷有限责任公司
710mm×1000mm　1/16　印张10½　字数184千字　2023年1月北京第2版第3次印刷

购书咨询：010-64518888　　售后服务：010-64518899
网　　址：http://www.cip.com.cn
凡购买本书，如有缺损质量问题，本社销售中心负责调换。

定　　价：46.00元

FOREWORD
前言

第二次世界大战（以下简称二战）是1939～1945年所爆发的全球性军事冲突，整场战争涉及全球大多数的国家以及所有的大国，最终分成了两个彼此对立的军事同盟——同盟国和轴心国。这次战争是人类历史上最大规模的战争，超过1亿名军事人员被动员并参与这次军事冲突。主要的参战国纷纷宣布进入战争状态，几乎将自身国家的经济、工业和科学技术悉数应用于战争，同时也将民用与军用的资源合并以方便统筹规划。

在二战初期，美国根据1937年中立法宣布中立。在英国和法国节节败退之时，美国总统富兰克林·罗斯福认为言论和宗教信仰自由、免受贫穷和恐慌的自由正面临挑战。为了捍卫这些自由，美国必须成为“民主国家的兵工厂”，而这也是《租借法案》的由来。之后，美国为同盟军的军队输送了大量的武器装备。珍珠港事件后，美国直接卷入战争，随后投入了大量作战部队，成为同盟国一方的重要力量。

因篇幅限制，本书第一版尚有部分枪械和非枪械武器未曾收录，第二版对此进行了补充，每种武器装备都全面讲解了研发生产、构造性能和装备服役等知识，读者可以深入了解该装备各方面的知识以及在战争中所起到的作用等。除了补充遗漏的武器，第二版还替换了部分图片。通过阅读本书，读者会对二战时期的美军单兵武器装备有一个全面和系统的认识，并对这场人类历史上最大的战争有一个全新的感悟。

作为传播军事知识的科普读物，最重要的就是内容的准确性。本书的相关数据资料均来源于国外知名军事媒体和军工企业官方网站等权威途径，坚决杜绝抄袭拼凑和粗制滥造。在确保准确性的同时，本书还着力增加趣味性和观赏性，尽量做到将复杂的理论知识用简明的语言加以说明，并添加了大量精美的图片。因此，本书不仅是广大青少年朋友学习军事知识的不二选择，也是军事爱好者收藏的绝佳对象。

参加本书编写的有丁念阳、杨琴、黎勇、王安红、邹鲜、李庆、王楷、黄萍、蓝兵、吴璐、阳晓瑜、余凑巧、余快、任梅、樊凡、卢强、席国忠、席学琼、程小凤、许洪斌、刘健、王勇、黎绍美、刘冬梅、彭光华、邓清梅、何大军、蒋敏、雷洪利、李明连、汪顺敏、夏方平等。在编写过程中，国内多位军事专家对全书内容进行了严格的筛选和审校，使本书更具专业性和权威性，在此一并表示感谢。

由于时间仓促，加之军事资料来源的局限性，书中难免存在疏漏之处，敬请广大读者批评指正。

编者

2017年5月

FOREWORD
第一版前言

第二次世界大战（以下简称二战）是1939～1945年所爆发的全球性军事冲突，整场战争涉及全球绝大多数的国家以及所有的大国，最终分成了两个彼此对立的军事同盟——同盟国和轴心国。这次战争是人类历史上最大规模的战争，超过1亿名军事人员被动员并参与这次军事冲突。主要的参战国纷纷宣布进入战争状态，几乎将自身国家的经济、工业和科学技术悉数应用于战争，同时也将民用与军用的资源合并以方便统筹规划。

在二战初期，美国根据1937年中立法宣布中立。在英国和法国节节败退之时，美国总统富兰克林·罗斯福认为言论和宗教信仰自由、免受贫穷和恐慌的自由正面临挑战。为了捍卫这些自由，美国必须成为“民主国家的兵工厂”，而这也是《租借法案》的由来。之后，美国为同盟国的军队输送了大量的武器装备。珍珠港事件后，美国直接卷入战争，随后投入了大量作战部队，成为同盟国一方的重要力量。

本书详细介绍了二战时期美军所使用的各种单兵武器装备，包括枪械、弹药、手榴弹、轻型反坦克武器、火焰喷射器、军服、徽章、标志、单兵口粮和战地用具等，对每种武器装备都全面讲解了其研发历史、作战性能和实战表现等知识，读者可以深入了解该装备的诞生背景、构造、性能，以及它在战争中所起到的作用等。通过本书，读者可对二战时期的美军单兵武器装备有一个全面和系统的认识，并对这场人类历史上最大的战争有一个全新的感悟。

作为传播军事知识的科普读物，最重要的就是内容的准确性。本书的相关数据资料均来源于国外知名军事媒体和军工企业官方网站等权威途径，坚决杜绝抄袭拼凑和粗制滥造。在确保准确性的同时，我们还着力增加趣味性和观赏性，尽量做到将复杂的理论知识用简明的语言加以说明，并添加了大量精美的图片。因此，本书不仅是广大青少年朋友学习军事知识的不二选择，也是资深军事爱好者收藏的绝佳对象。

参加本书编写的有丁念阳、黎勇、王安红、邹鲜、李庆、王楷、黄萍、蓝兵、吴璐、阳晓瑜、余凑巧、余快、任梅、樊凡。在编写过程中，国内多位军事专家对全书内容进行了严格的筛选和审校，使本书更具专业性和权威性，在此一并表示感谢。

由于时间仓促，加之军事资料来源的局限性，书中难免存在疏漏之处，敬请广大读者批评指正。

2015年是二战胜利70周年，仅以此套丛书献给为了人类的正义而浴血奋战过的反法西斯英雄们!

编者

2014年7月

CONTENTS

目 录

★ 第2章 步兵的生命——枪械和弹药 /22

第1章

盟军主力

——二战美军漫谈

第二次世界大战（以下简称二战）是人类历史上规模最大的世界性战争，共有超过1亿名军事人员参与。美国作为主要参战国之一，也在战争中投入了庞大的兵力。本章简要介绍了二战时期美国军队（以陆军为主）的基本情况，以及美国当时的重要军工企业。

1.1 二战中的美国军事力量

二战爆发前，美国的主要作战部队包括陆军的9个步兵师、2个骑兵师、1个机械化骑兵（装甲）旅和国民警卫队的18个步兵师。当时，美国陆军装备陈旧落后，国民警卫队训练参差不齐，水平还很糟糕。

二战在欧洲爆发后，美国根据1937年中立法宣布中立。1939年11月，美国修改中立法，实行现金购货、运输自理原则，向交战国出售武器，这显然有利于拥有海军优势的英、法两国。与此同时，美国也在逐步扩军。1940年8月27日，美国国会批准将国民警卫队纳入联邦现役。1940年9月16日，美国国会通过了美国历史上第一个和平时期征兵法案，但兵役期只有1年。幸运的是，1941年8月7日，美国国会投票通过了不定期延长国民警卫队员、被征士兵和预备军官服役期。

法国败降和英国退守英伦三岛后，美国公众舆论要求给英国以援助。1940年9月2日，美、英达成美国以50艘旧驱逐舰换取在英属百慕大群岛等8个岛屿建立军事基地的协议。由于英国无力以现款购买军火，1940年底，丘吉尔紧急致函美国总统罗斯福求援。罗斯福提出以“租借”方式援英。1941年3月11日，美国国会通过《租借法案》，授权总统向与美国安全有重大意义的国家用出售、转让、交换或租借等方式提供武器和军用物资，拨款70亿美元用于实施《租借法案》。这意味着美国完全放弃“中立”政策，实际上介入欧洲国家的反法西斯战争。1941年6月24日，罗斯福总统宣布：凡是抵抗法西斯侵略的国家，都将得到美国的援助。

1941年8月14日，美、英两国政府首脑公布《大西洋宪章》。这是美英战时政治联盟的标志，成为以后联合国宪章的基础，对于动员和鼓舞全世界人民，加强反法西斯联合起了积极推动作用。1941年9月29日，苏、美、英三国会议在莫斯科召开。10月1日，三国签订议定书，规定美、英两国从1941年10月～1942年6月每月向苏联提供400架飞机、500辆坦克及其他武器装备；苏向英、美提供原料。10月30日，罗斯福宣布向苏联提供10亿美元贷款。11月7日，美国把《租借法案》扩大到苏联。

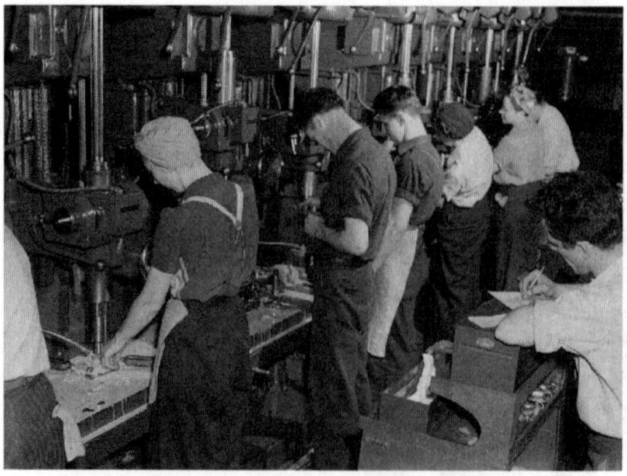
二战期间美国兵工厂中加班加点的工人

1941年12月7日，日本的航空母舰舰载机和微型潜艇突然袭击美国海军太平洋舰队在夏威夷基地珍珠港以及美国陆军和海军在瓦胡岛上的飞机场，史称珍珠港事件。12月8日，美国国会以只有一票反对通过了对日本的宣战。罗斯福立刻签署了宣战书，他称12月7日为一个“国耻日”。

诺曼底登陆中的美军步兵

在珍珠港事件之时，美国陆军总兵力约168.5万人，其中陆军航空队约27.6万人，编成29个步兵师、5个装甲师和2个骑兵师。虽然人数远超1939年时的水平，但严重缺乏装备和训练有素的人员。其后三年半时间里，陆军逐步增长到829.1万人，编成89个师，包括：66个步兵师、5个空降师、16个装甲师、1个骑兵师和1个山地师。

美军士兵在城市废墟中巡逻

1944年12月16日，美国部署到欧洲战区的有43个师，包括2个空降师、10个装甲师和31个步兵师。另外还有超过16个师计划投入欧洲前线：1个装甲师正在开往前线的路上；1个空降师、1个装甲师和2个步兵师在英格兰等待船运到法国；1个空降师、3个装甲师和7个步兵师在美国本土处于训练的最后阶段或者开往欧洲的途中，但都不可能在1944年结束前完整投入到欧洲大陆。

美军部队在意大利山区行军

欧洲战争结束时，美国在欧洲战区总共投入61个师：15

个装甲师、42个步兵师和4个空降师（13空降师没有投入战斗）。地中海战区共投入7个师：1个装甲师、5个步兵师和第10山地师。太平洋战区共投入21个师：1个骑兵师（第1骑兵师）、19个步兵师（其中第98步兵师没有投入战斗）和1个空降师。

一般来说，美国陆军装备精良，后勤补给是所有参战国中最好的。但一些军事学家认为，二战中美国陆军纯粹依靠数量优势压倒对手，在战略和战术上并不出众。美国扩张的工业为作战部队提供了稳定的物资供应，但战争中供应短缺，特别是坦克和火炮的弹药及兵员补充一直困扰美军。

1.2 二战美国陆军编制

1.2.1 步兵师编制

1940～1942年间，美国陆军每个步兵师约有军官630人，士兵14615人。每个步兵师的武器装备包括54门榴弹炮、68门反坦克炮、117门迫击炮、292挺机枪、35支冲锋枪、7317支步枪（含自动步枪）、7199支手枪，以及各种大小车辆1400余辆。这个时期内的步兵师编制具体如下。

单位	人数	武器装备
师司令部	102人	手枪100支
3个步兵团	10347人	每团装备37毫米反坦克炮12门，60毫米、81毫米迫击炮39门，轻重机枪54挺，步枪2224支，手枪1181支
师属炮兵	2770人	1个155毫米榴弹炮营（12门）、3个105毫米榴弹炮营（各12门）、1个反坦克营（75毫米、37毫米炮32门）、1个防空营（高射机枪60挺），手枪2685支
工兵营	648人	机枪18挺，步枪516支，手枪118支
医疗营	520人	
补给营	320人	步枪50支，手枪262支
侦察队	147人	机枪53挺，冲锋枪35支，步枪32支，手枪147支
宪兵连	130人	步枪47支，手枪83支
通信连	261人	手枪261支

随着战争进程的推进，美军的编制根据战争实际需求进行了不断的调整。参考实战经验及装备发展，美军在1942～1943年间进一步对步兵师进

行改组，在新的编制中，步兵师的人员数量略微下降了约8%。新的编制装备了M1半自动步枪，并将其作为步兵的标准武器，每个步兵师还装备了557部火箭筒。在反坦克武器上，57毫米反坦克炮取代37毫米反坦克炮成为主要的反坦克火力，榴弹炮也完全淘汰了旧式的75毫米榴弹炮，而采用105毫米榴弹炮。在运输工具上，2.5吨载重车也取代1.5吨载重车成为主要运输车辆，并装备了更多的吉普车和0.25吨尾车。

在1943年7月美军公布的步兵师编制表中，各步兵单位的编制如下。

● 步兵班：每个步兵班的满编员额为12人，配备10支M1步枪、1挺布朗宁自动步枪（BAR）和1支M1903春田狙击枪。

● 步兵连：每个步兵连的满编员额为193人，由3个步兵排（下辖3个班）加上1个兵器排组成，每个兵器排编制2挺7.62毫米轻机枪、1挺12.7毫米重机枪、3部火箭筒和3门60毫米迫击炮。

● 步兵营：每个步兵营的满编员额为871人，由营部连、兵器连和3个步兵连组成；营部连下辖1个编有3门57战防炮的反战车排，兵器连则装备了3挺12.7毫米重机枪、8挺12.7毫米重机枪、7部火箭筒和6门81毫米迫击炮。

● 步兵团：每个步兵团由指挥部、团部连、3个步兵营及团直属部队组成。团直属部队包括：团炮兵连、反战车连和后勤连。

● 师炮兵部队：师炮兵部队的满编员额为2160人，由直属连、指挥部、3个轻炮兵营和1个中型炮兵营组成。

1943年编制的步兵师总员额数为14253人，除前述战斗部队外，还有工兵营、卫生营、补给连、通信连、弹药连以及宪兵排等师直属单位。但是，随着战争规模的逐步扩大，许多任务性配属给步兵师的单位渐渐成为半永久性的建制单位，例如机械化骑兵连、野战炮兵营、化学兵营及其他坦克、驱逐坦克和防炮单位等。于是，1944年的步兵师日常管制人员数量超过了15000人。

1944年，美军步兵师采用的编制是由1943年编制改良而来，采用了三三制，即师辖3个步兵团，每个团又下辖3个步兵营，全师总共9个营。此外，团部的直属单位还包括1个摩托化战防连和1个摩托化轻型榴弹炮连。

在美军步兵师的炮兵团中，编有3个摩托化轻型榴弹炮营和1个摩托化重型榴弹炮营，共有36门105毫米榴弹炮和12门155毫米榴弹炮。此外，美军步兵师还有一些额外的支持部队，包括独立炮兵营、独立防空营、独立坦克营、独立驱逐坦克营和机械化骑兵连等。机械化骑兵连主要配置M8装甲车。

1943年以后步兵师的编制如下。

● 师司令部及师部连。

● 3个步兵团：每个步兵团包括3个步兵营、1个团部连（有6门106毫米迫击炮）、1个勤务连和1个反坦克连（12门57毫米反坦克炮、5挺机枪）。每个步兵营包括3个步兵连、1个火器连和1个营部连；营部连装备3门反坦克炮、4挺机枪、8个火箭筒；火器连有官兵162人，装备6门81毫米迫击炮、11挺重机枪、7个火箭筒；步兵连包括3个步兵排、1个武器排；武器排有3门60毫米迫击炮、3挺机枪、3个火箭筒；步兵排包括3个每人拥有1支步枪或自动步枪的12人班。

● 师属炮兵：包括3个105毫米榴弹炮营、1个155毫米榴弹炮营、1个司令部连和1个炮兵勤务连，装备155毫米榴弹炮12门，105毫米榴弹炮36门。

● 1个机械化侦察队。

● 师属工兵、通信兵、补给兵、医疗兵、宪兵等分队略与前同。一般每个步兵师还配属1个坦克营、1个防空营等部队。

全师总计有1.5万余人，主要武器装备包括榴弹炮70门、迫击炮145门、反坦克炮93门、火箭筒663具、机枪950挺、坦克76辆、装甲车辆49辆以及其他车辆1560辆。

第3步兵师在德国纽伦堡

第4步兵师在犹他滩头作战

夸贾林环礁战役中的第7步兵师

第9步兵师士兵在德国境内作战

行军中的第37步兵师

第38步兵师在菲律宾作战时竖立的标志

第41步兵师的无线电报务员正在工作

第43步兵师在所罗门群岛登陆

1.2.2 装甲师编制

在二战结束前，美军成立了16个装甲师，其中最早的5个装甲师也是在1941年时才成立。

第2和第3装甲师采用了1942年型重装师的编制，每个师拥有9个坦克营和3个装甲步兵营的超大编制。其余的14个装甲师都采用3个坦克营和3个装甲步兵营的普通编制。

普通装甲师所辖单位除了师部之外，还包括有3个战斗指挥部、3个坦克营、3个装甲步兵营、3个装甲炮兵营、1个装甲工兵营、1个机械化骑兵侦搜营和后勤管理部队。此外，还会视实际情况增加额外的独立战防营和独立防空营等单位。其中，坦克营拥有76辆各式坦克，3个坦克营总计拥有228辆。

1940～1942年装甲师编制组成如下。

单位	人数	武器装备
师司令部与师部连	325人	
1个装甲旅	6045人	中型坦克108辆，轻型坦克260辆
1个装甲步兵团	2135人	半履带车94辆
1个装甲炮兵团	2127人	3个炮兵营，装备105毫米榴弹炮36门
装甲侦察营	763人	轻型坦克13辆，半履带车及侦察车62辆

全师人数14620人，中型坦克108辆，轻型坦克273辆，榴弹炮36门，迫击炮41门，反坦克炮38门，机枪720挺，冲锋枪30支，步枪1992支，各种车辆2000余辆。

此外还有工兵营、补给营、军械营、通信连和医疗队等单位。

1943年后装甲师编制组成如下。

● 师部及师部连：师下设2个作战指挥部与1个预备指挥部，作战指挥部辖部不固定。

● 3个装甲营：每营包括3个中型坦克连（各17辆）、1个轻型坦克连（17辆）、营部排（2辆中型坦克，1辆半履带车）、侦察排（吉普车6辆）、武器排（2辆半履带车，3辆M4/105坦克或M8自行榴弹炮）。

● 3个装甲炮兵营，每营有M7自行榴弹炮18门。

● 3个装甲步兵营。

● 其他单位：装甲侦察营、工兵营、补给营、军械营、通信连、医疗队等。

全师共计1.1万余人，中型坦克168辆，轻型坦克64辆，自行榴弹炮54门，装甲车80辆，自行反坦克炮36辆，迫击炮94门，火箭筒669具，机枪940挺，其他各种车辆近1500辆。

第3装甲师越过齐格菲防线

第7装甲师在比利时作战

⊕ 德国境内的第9装甲师

1.2.3 空降师编制

美军于1942年开始建立空降师，创建之初编制较小，每个空降师辖2个伞降步兵团、1个滑翔机步兵团，1个炮兵营及一些附属部队，总计约8500人。空降师的主要武器装备包括82毫米迫击炮、76毫米驮载式榴弹炮、57毫米反坦克炮、37毫米高射炮等。后来进行了扩编，每个空降师增设1个伞兵团或滑翔机团，炮兵营也扩编为炮兵团，人数达到12799人。

1.3 二战美军步兵部队战斗序列

1.3.1 美国陆军

序号	番号	作战地区或国家
1	第1步兵师	北非、西西里、诺曼底、比利时、卢森堡、德国、捷克斯洛伐克
2	第2步兵师	诺曼底、德国、捷克斯洛伐克
3	第3步兵师	北非、西西里、法国、比利时、卢森堡、德国、奥地利
4	第4步兵师	诺曼底、法国、比利时、卢森堡、德国
5	第5步兵师	法国、德国、捷克斯洛伐克
6	第8步兵师	诺曼底、布列塔尼、比利时、卢森堡、德国

续表

序号	番号	作战地区或国家
7	第9步兵师	北非、突尼斯、西西里、诺曼底、比利时、德国
8	第10山地师	意大利
9	第13空降师	法国、比利时、卢森堡、德国
10	第17空降师	比利时、卢森堡、德国
11	第26山地师	法国、比利时、卢森堡、德国、奥地利、捷克斯洛伐克
12	第28山地师	法国、比利时、卢森堡、德国
13	第29山地师	诺曼底、布列塔尼、德国
14	第30山地师	诺曼底、法国北部、比利时、德国
15	第34山地师	北非、突尼斯、意大利
16	第35山地师	诺曼底、法国北部、莱茵兰、阿登-阿尔萨斯
17	第36山地师	萨莱诺、意大利、法国南部、莱茵兰、阿登-阿尔萨斯
18	第42山地师	法国、德国、奥地利
19	第44山地师	法国、德国、奥地利
20	第45山地师	西西里、萨莱诺、安奇奥、法国南部、法国东部、德国
21	第63山地师	法国、德国
22	第65山地师	法国、德国、奥地利
23	第66山地师	德国
24	第69山地师	比利时、德国
25	第70山地师	法国、德国
26	第71步兵师	法国、德国、奥地利
27	第75步兵师	法国、德国
28	第76步兵师	卢森堡、德国、捷克斯洛伐克
29	第78步兵师	法国、比利时、德国
30	第79步兵师	诺曼底、法国东部、德国
31	第80步兵师	诺曼底、法国东部、卢森堡、德国、奥地利
32	第82空降师	北非、西西里、意大利、诺曼底、荷兰、德国
33	第83步兵师	诺曼底、比利时、卢森堡、德国
34	第84步兵师	比利时、荷兰、卢森堡、德国
35	第85步兵师	意大利
36	第86步兵师	法国、德国

续表

序号	番号	作战地区或国家
37	第87步兵师	法国、德国
38	第88步兵师	意大利
39	第89步兵师	法国、德国
40	第90步兵师	诺曼底、法国东部、德国、捷克斯洛伐克
41	第91步兵师	意大利
42	第92步兵师	意大利
43	第94步兵师	布列塔尼、法国东部、卢森堡、德国
44	第95步兵师	法国、荷兰、德国
45	第97步兵师	德国、捷克斯洛伐克
46	第99步兵师	比利时、德国
47	第100步兵师	法国、德国
48	第101步兵师	诺曼底、荷兰、比利时、卢森堡
49	第102步兵师	德国
50	第103步兵师	法国、德国、奥地利
51	第104步兵师	法国、比利时、德国
52	第106步兵师	比利时、卢森堡、德国

1.3.2 美国海军陆战队

第3两栖军		
陆战第1师	陆战第2师	陆战第6师
第1陆战团	第2陆战团	第4陆战团
第5陆战团	第6陆战团	第22陆战团
第7陆战团	第8陆战团	第29陆战团
第11陆战炮兵团	第10陆战炮兵团	第15陆战炮兵团
第1直属营	第2直属营	第6直属营
第1工程营	第2工程营	第6工程营
第1工兵营	第2工兵营	第6工兵营
第1运输营	第2运输营	第6运输营
第1医药营	第2医药营	第6医药营
第1战车营	第2战车营	第6战车营

续表

第5两栖军		
陆战第3师	陆战第4师	陆战第5师
第3陆战团 第9陆战团 第21陆战团 第12陆战炮兵团 第3直属营 第3工程营 第3工兵营 第3运输营 第3医药营 第3战车营	第23陆战团 第24陆战团 第25陆战团 第14陆战炮兵团 第4直属营 第4工程营 第4工兵营 第4运输营 第4医药营 第4战车营	第26陆战团 第27陆战团 第28陆战团 第13陆战炮兵团 第5直属营 第5工程营 第5工兵营 第5运输营 第5医药营 第5战车营

1.4 二战美军著名部队

1.4.1 美国陆军第1步兵师

㊉ 美国陆军第1步兵师臂章

在美国陆军中，有一个与美国陆军现代发展史密不可分的作战师：第1步兵师（1st Infantry Division）。因其在美国陆军史上占有多项“第一”，所以被美国人称为“大红一师”（Big Red One）。

在第一次世界大战（以下简称一战）中，第1步兵师第一个与敌军交火，第一个出现伤亡，第一个抓到俘虏，第一个攻入法国；在二战中，第1步兵师第一个到达英国，第一个在北非、西西里和法国登陆，第一个突破德国西部的齐格菲防线。第1步兵师还是一支以狂妄傲慢闻名的部队。它一贯以王牌自居，骄横跋扈，目空一切。该师的师训这样写道：“没有什么困难不能克服，没有什么牺牲不能付出，任务第一，职责至上！”

㊉ 正在行军的第1步兵师

第1步兵师组建于一战期间的1917年，最初称为美国第1远征师。在一战中，第1步兵师历经7次重大战役战斗，共作战158天，伤亡22320人，获得荣誉勋章5枚，“Big Red One”（大红一师）从此叫开。

1941年12月7日珍珠港事件爆发后，美军开始紧急备战。第1步兵师集结于英国并进行临战训练之后，于1942年11月8日参加代号为“火炬”行动的登陆战役，在法属阿尔及利亚的奥兰登陆成功。此后，该师编入第2军，并向突尼斯挺进。该师在与德军的作战中一度遭受重创，伤亡惨重。

1943年5月9日，德意非洲集团军群24万人投降，北非为盟军所控制，北非从此无战事。盟军利用这一有利形势，发起代号为“赫斯基”的西西里战役。7月10日，第1步兵师在西西里岛东南部的杰拉强行登陆，迅即突破守军防线。不久，德国装甲师向第1步兵师反扑。在海军舰炮火力和加拿大部队的支援下，第1步兵师使用炮兵火力击退德国装甲师，并乘胜发起进攻，一举攻占特罗伊纳，为盟军打开了通向墨西拿海峡的大门。

诺曼底登陆时的第1步兵师

1944年6月，在代号为“霸王行动”的诺曼底登陆作战中，第1步兵师第16步兵团在奥马哈海滩首先登陆成功，但德军拼死抵抗，第16团被压制在防波堤后达2小时之久，不能前进一步，伤亡很大。后续部队上陆后，他们才得以向前推进。

诺曼底登陆作战结束后，第1步兵师继续向北推进，不久解放了比利时的列日市，接着突破“齐格菲防线”，进抵德国本土。该师进攻的第一个目标是德国的亚琛。10月21日，德军守城司令终于抵挡不住美军的进攻，弃城投降。接着，第1步兵师越过莱茵河，继续向德国纵深推进。

第1步兵师渡过德国威悉河

12月16日，德军不甘心于失败，以10个装甲师、14个步兵师的兵力在阿登地区发起大规模反击，盟军一度失利，被迫先后撤、再进攻。此即通常所说的“突出部战役”。1945年1月15日，美国第1步兵师发起反攻，再次越过齐格菲防线，攻占雷马根大桥的桥头堡。时至4月1日，该师已向东推进240多公里。4月8日，该师越过威塞河，进入捷克斯洛伐克境内。5月8日，德国签署无条件投降书，欧洲战争结束。

二战中，第1步兵师共作战443天，参加大小战役战斗几十次。其参战时间之长，俘虏敌人之多，获得勋章之多，在美军各师中名列前茅。而它付出的代价，也居美军前列，共伤亡21000人。战争结束之时，部队中曾参加过北非作战的老兵已不足百人。战争结束后，该师作为占领军留驻德国，直到1955年才根据轮换制度返回美国。在美国陆军参加欧战的部队中，它是最后一个返回本土的师。

1.4.2 美国陆军第82空降师

美国陆军第82空降师（82nd Airborne Division）是美国陆军中最早建立的空降师，在二战中屡立奇功。目前，第82空降师是美国唯一的现役正规空降师，仍活跃在美军的各个战场中。

第82空降师的臂章

第82空降师的前身是成立于1917年8月25日的第82步兵师，由于该师初建时的官兵全部来自美国所有的48个州，因此它获得了“全美师”的美称。一战结束后，第82步兵师转为后备役。二战爆发后，第82步兵师于1942年3月重新加入现役，布莱德利少将任师长。当年8月，第82步兵师以其出色的训练水准和高昂的士气，被改编为美军第一个空降师，首任师长为李奇微将军。当时，全师共拥有3个团。

1943年7月9日晚，150架满载第82空降师第505团伞兵的C-47运输机从摩洛哥莱安加德机场起飞，朝着东北方向的西西里岛飞去。美军历史上的第一次空降作战从此开始。他们的任务是切断杰拉东北两个方向的通道，阻击德军对杰拉登陆场的反击行动。此次行动中，发生了历史上有名的误击事故，第82空降师遭到地面友军部队的炮击，144架运输机中有23架被击落，37架被严重击伤。初次参战，第82空降师出师不利，元气大伤。到7月14日，满员5307人的部队只剩下

正在整理装备的第82空降师士兵

3023人，上级不得不将其暂时撤离前线。

1943年9月3日，盟军发起攻占意大利的进攻作战。9月9日，美军登陆部队在萨莱诺登陆场遭到德军猛烈的反击，陷入了困境。第82空降师奉命前往支援，接受命令后，该师仅用了不到8小时就完成了一系列准备工作。13日凌晨，第504团顺利在指定位置空降着陆，立即投入了战斗。第二天晚上，该师又实施了第二次空降，第505团顺利着陆并加入战斗。巩固登陆场后，美军向北发展攻势，第82空降师作为地面步兵协同行动。10月1日，该师巡逻队到达德军弃守的那不勒斯城，为美军在欧洲夺取了第一座大城市。

1944年的诺曼底战役中，第82空降师与第101空降师及英军第6伞兵师加入了首轮进攻部队的行列。在此后一个多月的战斗中，第82空降师连续作战33天，共歼灭德军3个师，击溃2个师，击毁坦克52辆，大炮44门，成功完成掩护步兵登陆的任务。不过，该师同样损失惨重，从11770人减员到5492人。

1944年初秋，英军蒙哥马利集团军计划从比利时沿一条向东北方向穿越荷兰通往德国的公路推进。为配合此次行动，盟军司令部指派英美3个空降师沿公路一线空降。第82空降师负责夺取公路中段各个咽喉要地。9月17日上午9时，第504、505、508团随同由1545架运输机、478架滑翔机组成的庞大空降机群从英国起飞。中午，机群顺利着陆于奈梅根地区。各团队落地后，在新任师长加文将军的指挥下迅速对预定目标展开攻击。在日落前先后夺取了马斯河大桥、霍宁胡弟大桥等重要目标。

二战结束后，第82空降师于1948年11月被美军指定为战备陆军师，其基地设在北卡罗来纳州布雷格堡。

第82空降师士兵准备跳伞

第82空降师空降实况

1.4.3 美国陆军第101空降师

美国陆军第101空降师（101th Airborne Division）现称为第101空中突击

⇑第101空降师的臂章

师，目前是美国陆军唯一主要依靠直升机进行空中机动作战的快速反应部队。由于其军服臂章上有一个正在嚎叫的白色鹰头，因此被称为“鹰师”或“嚎叫的鹰”。

第101空中突击师的历史可追溯到一战。1917年，战争双方经过几年的反复较量，两败俱伤，处于战略相持阶段。1917年4月，美国向德国宣战。为了满足向欧洲不断派出远征军的需要，于1918年7月23日正式组建第101步兵师，但还未来得及出征，欧洲战事便已停止。1918年11月11日一战结束，第101步兵师便退出现役。1921年，第101步兵师经过改编，成为一支预备役部队，司令部设在威斯康星州密尔沃基。1942年8月15日，第101预备役步兵师被解散。翌日，美陆军正式组建第101空降师，其人员和装备主要来自第82摩托化步兵师。8月19日，威廉·C.李准将出任第101空降师首任师长。

最初，第101空降师有1个伞兵团（第502伞降步兵团）、2个滑翔机步兵团（第327和第401滑翔机步兵团）、3个炮兵营（第377伞降野战炮兵营，第321和第907滑翔野战炮兵营）。此外，还有1个空降工兵营、1个通信连、1个空降医务连和1个空降军需连。1942年10月，第101空降师开始在北卡罗来纳州布雷格堡进行严格的训练。1943年6月，第101空降师接收了第2个伞降步兵团——第506伞降步兵团。当年夏天，第101空降师在第二次陆军机动演习中证明自己已具备相当作战能力。

1943年9月，第101空降师从纽约港登船，10日后抵达英国。他们在伯克郡和威尔特郡进行了为期10个月的严格训练。1944年1月，第101空降师接收了第3个伞降步兵团——第501伞降步兵团。3月，第401滑翔机步兵团的一个营加强给第82空降师。2月，威廉·C.李因患心脏病返回美国。马克斯韦尔·D.泰勒少将接任第101空降师师长。

第101空降师在英国训练期间，盟国远征军最高司令部正在计划登陆诺曼底，其行动代号为“霸王”行动。在这次行动中，第101空降师的任务是：在海运登陆部队从犹他滩头登陆之前，跳伞进入德占区，夺占从滩头向内陆发展进攻的出口，并防止德军增援这些地区。

⇑第101空降师士兵从C-47运输机上跳伞

为执行这一任务，第101空降师参加了3次集团军规模的军事演习。5月，第101空降师各部队开始离开训练基地，奔赴预定机场和集结地域。

1944年6月6日凌晨，第101空降师的空降引导小组跳出了C-47运输机，降落在法国德占区。接着，第101空降师6000多人搭乘C-47运输机来到法国上空。接近伞降场时，他们遭到德军高射炮火的猛烈射击。许多运输机为了躲避高射炮火，把伞兵撒得到处都是。师长泰勒将军最初只能集合起百余人，并且大多数是军官。夺占堤道后，第101空降师迅速向前推进，夺取卡朗坦镇。该镇是从犹他和奥马哈滩头登陆的2支美军部队的会合点，是此次登陆成功的关键。第101空降师连续作战5个昼夜，击溃了德军第6伞兵团，占领了卡朗坦，一直坚守到美军装甲部队从滩头赶来。第101空降师在诺曼底连续战斗33天，出色地完成了自己的作战任务，一些部队因此被授予“优异部队嘉奖令”。

⬆ 第101空降师士兵正在互相涂抹迷彩花纹

1944年秋，第101空降师参加了有史以来规模最大和最为大胆的空降作战行动——“市场-花园”作战行动。英国第1空降师、美国第82和第101空降师伞降进入荷兰的一条狭窄走廊，夺占一系列重要桥梁。与此同时，英国第2集团军将从比利时向荷兰推进，迅速通过夺占的桥梁，最后在阿纳姆跨过莱茵河，卷击德国鲁尔区。

1944年12月16日，德军在阿登森林地区对盟军发动突然袭击。美军的战线开始崩溃，盟军的整个北翼受到严重威胁。12月17日，第101空降师接到战斗命令后，迅速赶往巴斯托涅。巴斯托涅位于阿登东部公路网的中心。第101空降师的任务是夺占巴斯托涅，扰乱德军的交通线。在其后的3个星期中，第101空降师经历了巴斯托涅战役中最血腥、最惨烈的几次战斗。随后，它与美军第3步兵师一起，逐个清剿了阿登地区德军孤立的抵抗区。保卫巴斯托涅的战斗为第101空降师赢得了“优异部队嘉奖令”。在美国陆军历史上，全师获得这一荣誉还是第一次。

第101空降师在二战中执行的最后一次战斗任务是攻占希特勒的休养地贝希特斯加登。这次它再次与美军第3步兵师合作，顺利地完成了作战任务。随后它就驻守贝希特斯加登，并在那里接受了德国党卫军第13师等部队的投降。1945年11月30日，第101空降师在欧塞尔退出现役。

二战后，第101空降师逐渐从降落伞机动向直升机机动转变，并先后更名为第101空中骑兵师、第101空中机动师。1974年，该师正式更名为第101空中突击师，实现了由降落伞机动作战向直升机机动作战的转变。

第101空降师缴获德军旗帜

艾森豪威尔与第101空降师官兵交谈

1.5 二战美国著名单兵武器制造商

1.5.1 柯尔特制造公司

全称：柯尔特制造公司（Colt）

创始人：塞缪尔·柯尔特

成立时间：1836年（前身）

总部地点：美国康涅狄格州哈特福德

战时产品：M1911手枪

柯尔特制造公司是世界上历史最悠久的武器制造商之一，也是左轮手枪的发明者。该公司生产的武器在历次战争中均有使用，特别是作为美军制式手枪长达74年的M1911手枪以及美军现役的M16突击步枪。

柯尔特制造公司的创始人是美国发明家和实业家塞缪尔·柯尔特

（Samuel Colt，1814年7月19日～1862年1月10日），他在轻武器史上创造了一个神话，时至今日都没有哪一个发明家能同时在名誉与财富两方面与他相提并论。

⊙ 早期的柯尔特制造公司

一战期间，柯尔特制造公司与各承包商共生产了45万支M1911手枪。除了M1911手枪，柯尔特制造公司在一战期间生产的枪械还包括M1914机枪、M1917机枪和M1917左轮手枪等。

1901～1955年间，柯尔特制造公司面临了当时所有武器公司共同面对的问题，即战争期间武器需求量急速增加，而在每次战争结束后，武器需求又急速减少，这就要求企业能快速转换产品以求生存。面对这种错综复杂的局面，柯尔特制造公司成功应对。一战结束后，柯尔特制造公司将旗下产品推广到商业用途，在市场销售上获得了极大成功。

在二战及以后美国军方参加的各次战斗中，柯尔特公司始终是各类军用武器（手枪、步枪、机枪以及高射机枪）的主要生产供应商。在二战中期，柯尔特公司的雇员已达到15000人之多。战争期间，公司大力生产武器，而战争结束后，公司立刻采取产品多样化策略，生产多种类型的机械，如印刷机、票证冲孔机以及洗碗机等，顺利实现转型。

1.5.2 史密斯·韦森公司

Smith&Wesson®

全称：史密斯·韦森公司（Smith & Wesson）

创始人：贺拉斯·史密斯、丹尼尔·韦森

成立时间：1855年

总部地点：美国马萨诸塞州斯普林菲尔德

战时产品：军警型左轮手枪

史密斯·韦森公司是美国最大的手枪军械制造商，以制造左轮手枪闻名于世。该公司从创始至今一直是手枪界领先的公司。

早在1855年，贺拉斯·史密斯和丹尼尔·韦森就在马萨诸塞州的斯普林菲尔德市建立了工厂，开始生产M1史密斯·韦森左轮手枪。公司为了完成众多的订单，所以延迟两年后才开发新枪型。两年后，公司改进了M1，并生产出了8.13毫米口径的M2手枪。在公司建立的前八年里，只生产5.59毫米和8.13毫米这两种口径的左轮手枪。直到1865年，才生产了一种11.18毫米的大口径左轮手枪。这种口径的左轮手枪被称为M3，曾在沙皇俄国大量销售，但在美国国内销售不佳。

1873年，史密斯从公司退休，并把自己所有的公司股份卖给了韦森，但韦森还是将公司与枪的名称保持着原来的叫法，以表示两人之间的深厚友谊。史密斯退休后，韦森又开发出许多新的手枪。一战爆发后，史密斯·韦森公司成为美军的主要手枪供应商之一。二战中，史密斯·韦森公司也为盟军生产了110万支手枪。

1.5.3 春田兵工厂

全称：春田兵工厂（Springfield Armory）
成立时间：1794年
总部地点：美国马萨诸塞州
战时产品：M1903春田步枪、M1加兰德步枪

春田兵工厂（又称斯普林菲尔德兵工厂）曾是美国政府最主要的国营轻兵器生产和研发中心，始建于1794年。

二战中，春田兵工厂的设计师约翰·坎特厄斯·加兰德为美军研制了M1加兰德步枪。加兰德从1919年10月便开始在春田兵工厂从事武器研究和

设计工作，他在二战后还设计了M14自动步枪。

春田兵工厂在战后的主要产品还包括M60通用机枪和M79榴弹发射器。其中，M60通用机枪是世界上最著名的机枪之一，除美军装备该枪外，还有韩国、澳大利亚等30多个国家军队使用它。据不完全统计，至今M60通用机枪已经生产了25万多挺。

1.5.4 温彻斯特公司

WINCHESTER®
REPEATING ARMS

全称：温彻斯特速射武器公司（Winchester Repeating Arms Company）

创始人：奥利弗·温彻斯特

成立时间：1856年

总部地点：美国康涅狄格州纽黑文市

战时产品：M1卡宾枪

有着150多年历史的温彻斯特公司，为历次大战乃至美国文化的形成都做出了不可磨灭的贡献，在全世界享有盛誉。目前，该公司已关闭，但曾经研制的产品仍在其他公司生产。

一战中，温彻斯特公司为英国生产了50多万支P14步枪、2亿多发枪弹、近200万发炮弹。同时，沙皇俄国、法国购买了大量的M1907、M1910步枪。1917年美国参战，公司又生产了54566支M1917步枪，随后又接到一个BAR步枪订单。

一战后，公司决定将产品扩展到运动用品上，但还是难逃衰退命运，最终在20世纪20年代中期宣告破产，被西方弹药公司所有者奥林家族接手。在家族管理下，生产线经过重新整修，重点仍放在武器弹药生产上。20世纪30年代，公司经营惨淡，但实现了流水作业。

二战期间，公司成为M1加兰德步枪的唯一私人合同商，在战争期间共生产了51.3万支左右。1941年，公司设计了M1卡宾枪，并在战争中生产了近70万支。M1加兰德步枪和M1卡宾枪都是美军在二战中的主要枪械，并且是产量最大的两种轻武器，堪称二战美国士兵的标志。作为M1加兰德步枪的主要生产商和M1卡宾枪的设计者，温彻斯特公司对同盟国最终取得胜利有着重大贡献。

第2章 步兵的生命——枪械和弹药

枪械是步兵的主要武器，也是其他兵种的辅助武器，在战争中具有不可忽视的作用。在二战期间，美国使用了二十余种各类枪械（步枪、卡宾枪、机枪、冲锋枪、霰弹枪和手枪等），并凭借强大的军工生产能力大量援助他国。本章主要介绍美国军队在二战期间使用的主要枪械以及常用弹药。

2.1 步枪和卡宾枪

M1903手动步枪

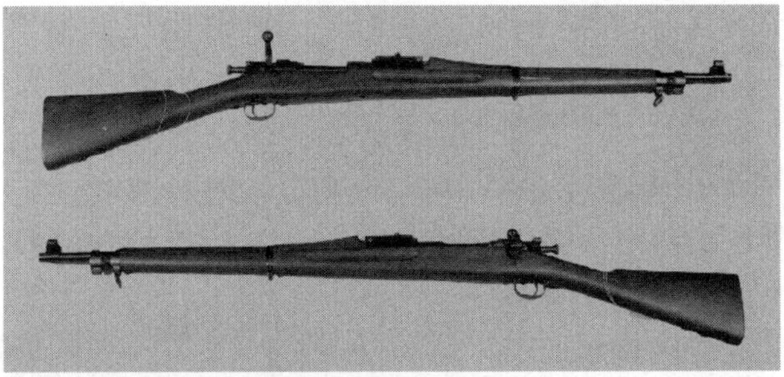

口径	7.62毫米	弹容量	5发
全长	1097毫米	枪口初速	853米/秒
枪管长	610毫米	最大射速	15发/分
重量	3.9千克	有效射程	914米

M1903手动步枪是美军在一战及二战时的制式步枪，因其由斯普林菲尔德（Springfield）兵工厂研制而得名斯普林菲尔德步枪（Springfield Rifle），也称春田步枪。

研发与生产

1898年美西战争期间，美军认识到西班牙军队装备的毛瑟步枪性能比美军装备的克拉格-乔根森步枪更好，尤其是在圣胡安山战斗中美军付出的代价很大，伤亡极高，从而促使美军更新步枪装备，美军军械局将包括德国Gew98步枪在内的毛瑟步枪提供给春田兵工厂研究与参考。随后，春田兵工厂研制出M1903步枪，参考了毛瑟步枪的旋转后拉式枪机，经德国毛瑟厂特许生产。

1903年，M1903步枪定为美军制式步枪。除了春田兵工厂外，美军还指定岩岛兵工厂作为生产厂商。一战期间，当美国参战时，大约生产了84万支M1903步枪，但因为军队兵员急剧扩充，数量仍不足，美国将同样仿自德国毛瑟步枪枪机的一种英国恩菲尔德P14步枪更换口径，命名为“M1917步枪”作应急补充装备，甚至一度在前线美国军队使用的M1917比M1903数量还多。一战结束后，美国军队只保留M1903作为制式步枪，M1917全部撤装作

㊉美国陆军新兵学习M1903步枪的射击技巧

为储备。岩岛兵工厂在1919年停产M1903步枪，春田兵工厂在1927年停产M1903步枪。

1938年，取代M1903步枪的半自动M1加兰德步枪产量不足，因此，M1903步枪仍然是美国军队装备的主要步枪。在二战中，因为美国参战时候没有足够的M1加兰德步枪装备所有部队，美国军队仍然大量装备M1903步枪作为补充。

由于春田兵工厂主要负责生产M1加兰德步枪，1941年，雷明顿公司被指定开始批量生产M1903步枪，使用从岩岛兵工厂封存的旧生产模具，为了简化生产，工艺与以往有很大不同。后来，史密斯-科罗纳公司也获得生产合同。M1903步枪被赋予了新的使命，包括改成狙击步枪。

㊉美国海军陆战队士兵使用M1903步枪进行射击训练

构造与原理

尽管春田兵工厂的设计有所变更，但M1903步枪仍可以算是以毛瑟步枪为基础，结合美军7.62毫米弹药的变型枪。M1903步枪因为缩短了枪管，枪管长度610毫米，所以枪长度比当时的毛瑟Gew98步枪（枪管长度740毫米）短；拉机柄为向下弯曲，便于携行；由容量5发子弹的弹仓供弹，用5发分离式弹夹从机匣顶部的抛壳口一次性压入弹仓装弹。M1903步枪的机匣左侧面有个独特的单发供弹装置，可根据实际需要灵活调整射速。

早期的M1903步枪还配有杆式刺刀，1905年改用了匕首型刺刀，并改造带可收放标尺的新照门。M1903步枪最初配用M1903圆头枪弹，1906年采用M1906枪弹（7.62×63毫米），弹头形状改为尖头，是借鉴了毛瑟式无底缘枪弹的基础上改进而成的。在一战结束前生产的M1903步枪在发射M1906枪弹时易出现机匣损坏的情况，1918年引入新的热处理工艺，旧工艺生产的步枪在机匣上开有小孔释放部分火药气体压力。M1903步枪的狙击步枪版本加装了光学瞄准镜，具有精度上的优势，而为不妨碍瞄准镜的使用，所以拆除了机械瞄具。

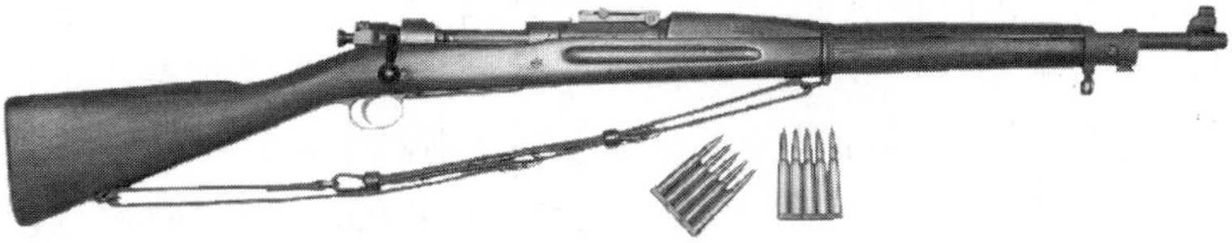

M1903步枪及其弹药

性能与维护

M1903步枪具有加工精良，枪机动作平稳，供弹、抛壳和保险等机构动作可靠的特点，特别是有一个独特的单发供弹装置（弹夹阻断器），操作块两侧分别有“ON”“OFF”的标志，操作块向上扳，露出“ON”时为通常使用状态。操作块置于中间位置时为枪机解脱状态，可沿后方卸下枪机，往弹仓装弹。操作块向下扳，露出“OFF”时为弹仓供弹截断状态。在此状态下，每打一发需从抛壳孔供弹，以此保存弹仓内的枪弹。当与敌人遭遇时，射手将操作块置于上方“ON”位置，就得以实现快速射击。

美军士兵正在检修自己的M1903步枪

身背M1903步枪的美军士兵

装备与服役

在两次世界大战期间，M1903步枪都是美国军队的重要武器。二战期间，美国还经由《租借法案》大量援助同盟国，包括英国、法国等。除此之外，澳大利亚、加拿大、阿根廷、波兰、哥伦比亚、墨西哥、挪威、埃及、希腊、丹麦、巴西、柬埔寨、印度尼西亚、菲律宾和越南等国均曾采用M1903

步枪。时至今日，M1903步枪仍然在美国军队中少量出现，供训练与检阅使用。美军仪仗用枪将枪身金属部件镀铬处理，配白色背带。

由于远距离射击时精确性较好，M1903步枪还成为一种流行的民用枪支。一战结束后，多种M1903运动型步枪应运而生，将枪托改成带小握把的缩小尺寸的运动枪托，可加装瞄准镜，其中包括斯普林菲尔德兵工厂生产的美国国家射击比赛步枪。20世纪50年代，1000支M1903A3步枪被挑选出来作为美国国家射击比赛用枪。

知识链接

《拯救大兵瑞恩》是一部美国经典战争电影，描述诺曼底登陆后在法国前线作战的美军一支小分队深入敌后，寻找于前线参战的3个兄弟阵亡且生死未卜的士兵瑞恩的故事。影片中多次出现美军小分队狙击手丹尼尔·杰克逊（巴里·佩珀出演）使用M1903狙击步枪作战的片段。

一战期间使用M1903步枪作战的美军士兵

二战期间美军步兵手持M1903步枪与坦克协同作战

目前美军仍使用M1903步枪作为仪仗用枪

恩菲尔德 M1917 步枪

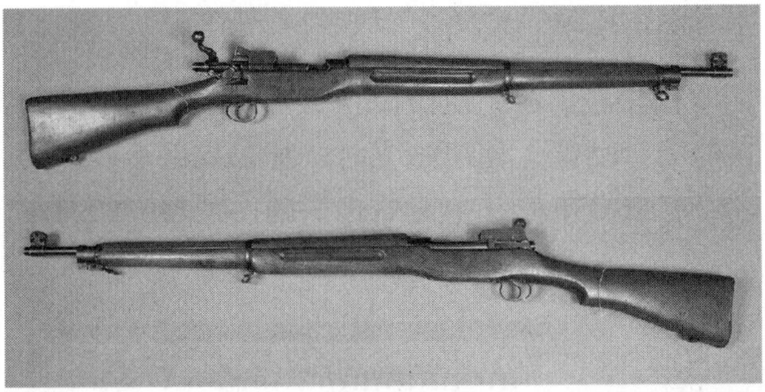

口径	7.62毫米	弹容量	6发
全长	1180毫米	枪口初速	853米/秒
枪管长	660毫米	最大射速	1029米
重量	4.167千克	有效射程	549米

恩菲尔德M1917步枪（M1917 Enfield，又名P17、P1917或Pattern 1917）是1917～1918年间生产的7.62毫米口径手动步枪。

研发与生产

美国参加一战后，面临着步枪数量不足的问题，于是美国军械署提出采用由英国的.303口径改为.30-06口径弹药的P14步枪径，这样就无需对生产线做出大的调整，并且能在短时间内制作出枪支。恩菲尔德M1917步枪于1917年开始生产，正式名称是“美国.30口径M1917型步枪”（United States Rifle，cal .30, Model of 1917），也称为“恩菲尔德M1917”。

构造与原理

M1917步枪局部特写

M1917与李-恩菲尔德步枪同由位于英国恩菲尔德的英国皇家轻兵器工厂生产，但它们所采用的弹药完全不一样，李-恩菲尔德步枪采用英国.303口径弹药，而M1917采用毛瑟98枪机及美国的.30-06弹药，由于.30-06

弹药的直径较细，因此内置弹仓可放6发子弹，但弹夹仍然只有5发。

性能与维护

和1903年的春田步枪一样，M1917也使用了基本的毛瑟M98螺栓动作设计，并保持了它的闭合功能，使用枪支时，加热有助于快速射击。但与其他步枪相比，M1917的重量在战斗中有些拖后腿，使得一些身材较小的士兵难以使用。

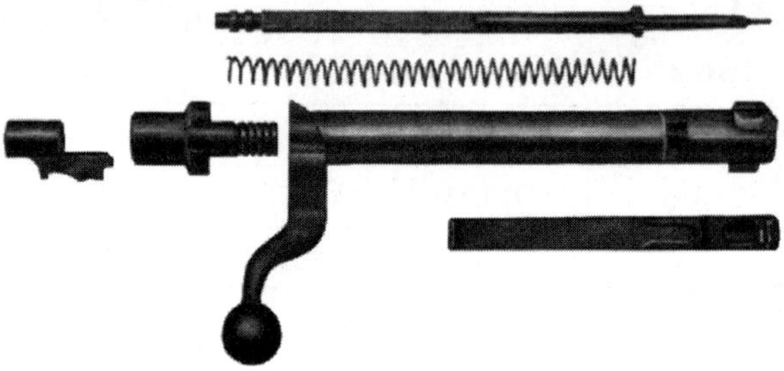

M1917所使用的毛瑟M98螺栓

装备与服役

恩菲尔德M1917步枪在一战时就作为美军的主要制式步枪，约有75%的美国远征军都装备了M1917，一战结束后，美军把M1917撤做储备装备，并在二战初期进行改造，用作士兵训练以及通过《租借法案》援助给多个国家，包括英国、法国等。由于M1917步枪的精良设计与制作，它至今仍在服役中。

士兵正在接受M1917步枪使用指导

温彻斯特 M70 手动步枪

口径	各衍生型不同	弹容量	3～5发
重量	2.72～3.63千克	枪口初速	850米/秒
枪管长	558.8毫米、609.6毫米、660.4毫米	有效射程	600米

温彻斯特M70步枪（Winchester Model 70）是一支由美国温彻斯特连发武器公司生产的手动枪机操作式运动步枪。从1936年推出以来，就赢得了“步枪兵的步枪”的绰号。

研发与生产

温彻斯特M70步枪的设计与毛瑟步枪具有一定的相似之处，是较早期的温彻斯特M54步枪的发展型。1936～1963年之间生产的M70有着后来生产的改进型号所没有的毛瑟式约束式子弹供弹，切断上膛的设计特点。

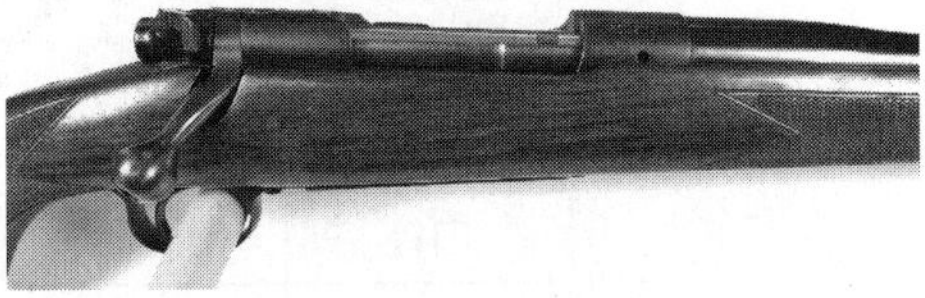

温彻斯特M70步枪后膛

构造与原理

温彻斯特M70步枪配备了片状瞄准具以及钢制枪托底板、枪背带环和皮革制枪背带的格仔花纹枪托。

M70步枪的重要功能包括三位置式翼状保险，圆锥状后膛闭锁系统，该系统有助于防止子弹的弹鼻从弹匣装填上膛时受损。此外该枪还包括加工钢制扳机护圈和弹匣底板，一块式枪机结构，以及可调节扣力和超行程的扳机等特点。

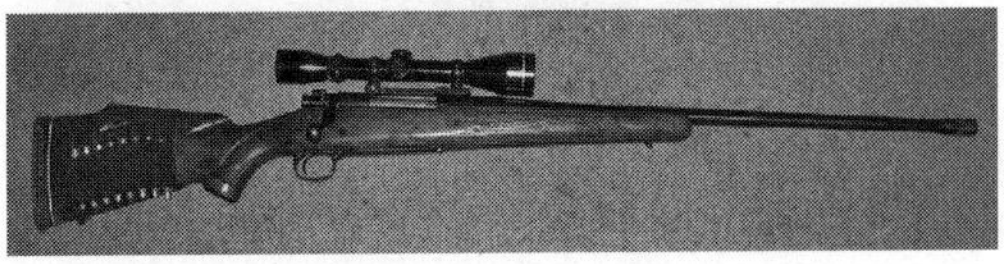

配有瞄准镜和皮革枪托的M70步枪

装备与服役

M70步枪侧视近照

1942年5月美国海军陆战队购买了373支M70步枪，大部分被使用在训练营和太平洋战争，据报道有一些这种步枪在瓜达尔卡纳尔岛战役期间配备了放大8倍的尤那托（Unertl）望远瞄准镜，并且有限而非官方地用作狙击武器。虽然该枪一直有优良的表现，但是自1964年以后，因为M70衍生型没有满足美国海军陆战队的标准，所以美国海军陆战队逐渐用雷明顿700系列手动步枪取代了他们所有的温彻斯特M70步枪。

博斯反坦克步枪

口径	13.9毫米	弹容量	5发
全长	1575毫米	枪口初速	747米/秒
枪管长	910毫米	射速	10发/分
重量	16千克	有效射程	460米

博斯反坦克步枪（Boys anti-tank rifle）是二战初期由英军研制的反坦克步枪，除英军使用外，美国也曾大量使用。博斯反坦克步枪采用手动枪机，机身上方有5发弹匣，发射使用能射穿在100米处的21毫米厚钢板的13.9×99毫米穿甲弹，由于威力很大，在发射时产生的后坐力也很大，所以枪托具有缓冲器和很厚的护垫，枪口有减振的防火帽。

士兵使用博斯反坦克步枪训练

M1加兰德半自动步枪

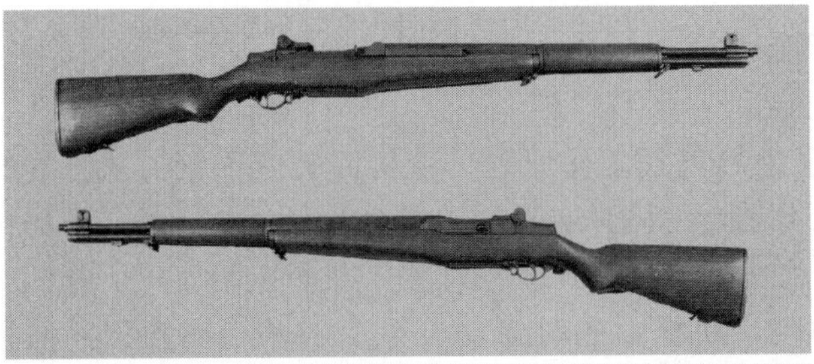

口径	7.62毫米	弹容量	8发
全长	1100毫米	枪口初速	853米/秒
枪管长	609.6毫米	最大射速	50发/分
重量	5.3千克	有效射程	457米

M1加兰德（Garand）步枪是世界上第一种大量服役的半自动步枪，在1936年取代了美军制式M1903春田步枪，也是二战中最著名的步枪之一。

研发与生产

1920年，约翰·加兰德在春田兵工厂开始设计半自动步枪。1929年，样枪送交阿伯丁试验场参加美国军方新式步枪选型试验，通过对比试验。1932年，加兰德设计的自动装填步枪被选中。其间，美国军械委员会指令更改样枪的口径为7毫米，中选后又因会导致后勤混乱的理由遭到军方否决，又被要求改用7.62毫米口径。经过进一步改进，1936年正式定型命名为M1步枪，常加上设计师姓氏称为M1加兰德步枪。1937年，M1步枪开始批量生产并成为美国军队制式步枪，用以取代美国陆军的M1903步枪。

⊕ 约翰·加兰德向美军高层介绍M1半自动步枪

M1步枪最初生产和装备军队的速度都十分缓慢，随着美国于1941年参加二战，M1步枪的产量猛增。二战结束时，春田兵工厂生产了约353万支M1步枪，温彻斯特连发武器公司生产了约51万支M1步枪。二战后，春田兵工厂于1952年恢复生产M1步枪，另外还有两家私有公司也生产了相当数量的M1步枪。

构造与原理

M1步枪采用导气式工作原理，枪机回转式闭锁方式。导气管位于枪管下方。击锤打击击针使枪弹击发后，部分火药气体由枪管下方靠近末端处一导气孔进入一个小活塞筒内，推动活塞和机框向后运动。枪机上的导向凸起沿机框导槽滑动，机框后坐时带动枪机上的两个闭锁突笋从机匣的闭锁槽中解脱出来，回转实现解锁，枪机后坐过程中完成抛弹壳动作同时压倒击锤成待击状态。枪机框尾端撞击机匣后端面，由复进簧驱使开始复进。机框导槽导引枪机上的导向凸起带动枪机转动，直至两个闭锁突笋进入闭锁位置。复进过程中完成子弹上膛，枪机闭锁。机框继续复进到位，枪又成待击状态。

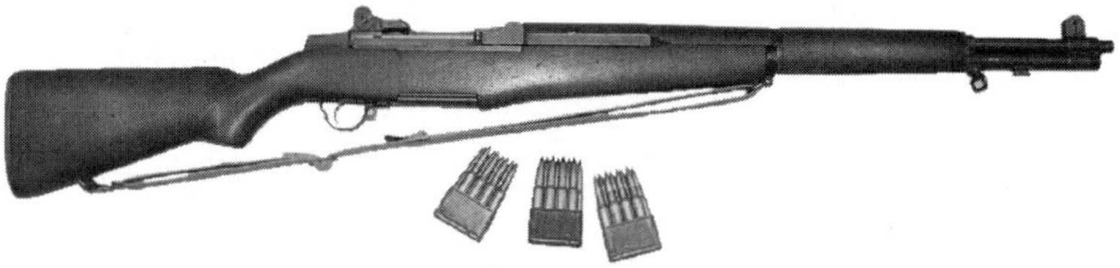

⊕ M1半自动步枪及其弹药

M1的枪机较重，但它并没承受很大的应力，而且额外的重量也能在发生弹壳破裂等类似的危险时，提供一定程度的保护作用。M1步枪的供弹方式比较有特色，装双排8发子弹的钢制弹匣由机匣上方压入弹仓，最后一发子弹射击完毕时，枪空仓挂机，弹匣会自动弹出并发出声响，提醒士兵重新装子弹。不过，一次压入弹仓的弹匣在子弹打光之前并不容易再装填子弹，造成极大的不方便，而在潮湿的环境时，弹匣也有卡死的可能性。M1步枪的枪口还可安装M7枪榴弹发射器，经由巧妙的设计，使气体气缸可以泄出部分气体，避免在发射榴弹时因高压导致机械元件受损。此外，M1步枪还配备了一些不同样式的刺刀。

知识链接

尽管弹匣退出时的声音可以提醒士兵重新装弹，但同样也会让敌人知道美军士兵子弹已空，并趁机攻击，这造成美军在巷战中大量伤亡。后来，美军也曾运用空抛弹匣的方式诱骗敌人。

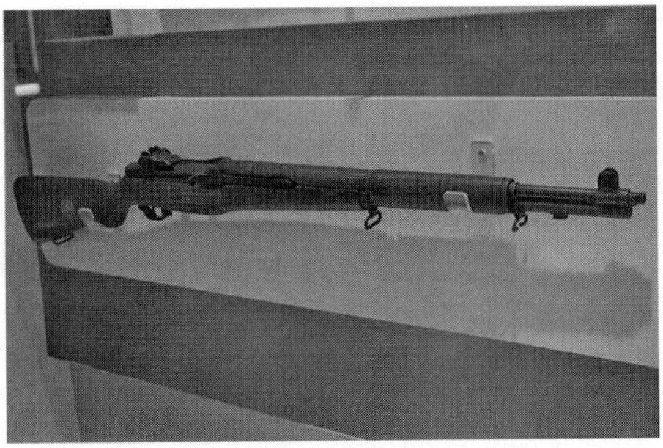

陈列展出的M1半自动步枪

性能与维护

与同时代的手动步枪相比，M1步枪的射击速度有了质的提高，并有着不错的射击精度，在战场上可以起到很好的压制作用。此外，该枪可靠性高，经久耐用，易于分解和清洁，在丛林、岛屿和沙漠等战场上都有出色的表现，被公认为是二战中最好的步枪之一。

美军士兵非常喜爱M1步枪，部队报告称："M1步枪受到了部队的好评。这一称赞不仅来自于陆军和海军陆战队，而是来自美军全军的。该枪出色地通过所有极限环境下的考验，几乎所有士兵都希望装备M1步枪，从未提出过要进一步改进之类的建议。"美国名将乔治·巴顿还评价它是"曾经出现过的最了不起的战斗武器"。

使用M1半自动步枪作战的美军士兵

装备与服役

M1步枪是美国军队在二战和20世纪50年代的局部战争中使用的主要步兵武器。一直到1957年，M14自动步枪列装后，M1步枪才退出现役。作为替代的M14自动步枪还保留了很多M1步枪的特色。

与M1903步枪一样，M1步枪在二战期间也曾根据《租借法案》大量提供给在欧洲、亚洲和南美洲作战的同盟国军队。二战后，M1步枪仍被很多国家的军队采用，包括巴西、阿根廷、柬埔寨、丹麦、希腊、以色列、伊朗、印度尼西亚、约旦、老挝、菲律宾、挪威、巴基斯坦、土耳其、埃塞俄比亚等，直至今天仍可发现这种步枪的踪影。

知识链接

在很多反映二战的影视作品中都能看到M1加兰德步枪的身影。电影《珍珠港》中，有美国人向日本飞机射击的镜头，他们使用的就是这种步枪。

美军士兵使用M1半自动步枪在太平洋作战

手持M1半自动步枪的美军士兵

M1941约翰逊半自动步枪

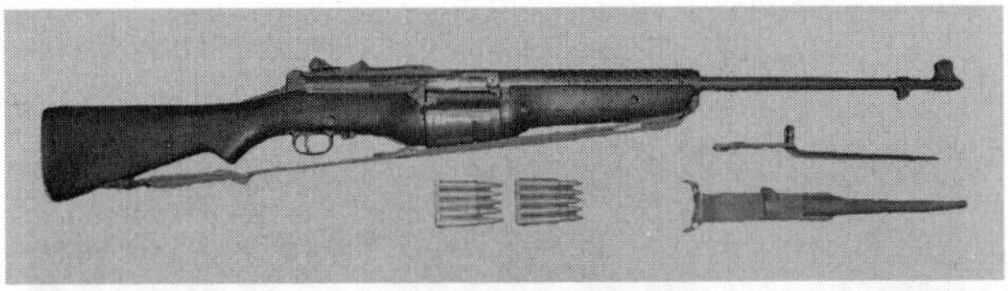

口径	7.62毫米	弹容量	10发
全长	1165毫米	枪口初速	866米/秒
枪管长	560毫米	最大射速	30发/分
重量	4.31千克	有效射程	732米

M1941约翰逊步枪由美国海军陆战队预备役上尉梅尔文·约翰逊设计，在二战期间被美国海军陆战队选作制式武器，另外还装备美国陆军特种作战部队。

研发与生产

1936年，美国海军陆战队预备役上尉梅尔文·约翰逊开始设计半自动步枪，用以与M1加兰德半自动步枪竞争。其设计思想是：M1步枪这样的导气式步枪，需要配备与枪管平行的活塞筒和开闭锁杠杆，因此不容易变换枪管，而且质量较大。与此相反，枪管短后坐式步枪，无需活塞筒和开闭锁杠杆，容易实现轻型化和变换枪管。约翰逊完成新枪的基本设计后，于1938年辞去海军火器公司的工作，在马萨诸塞州的波士顿独自设立公司，进一步设计约翰逊步枪。

↑梅尔文·约翰逊和他设计的M1941半自动步枪

1940年12月，美国陆军对约翰逊试制的半自动步枪进行试验，试验后做出以下评价："约翰逊半自动步枪，无论结构、功能或从生产容易程度看，均不具备替换M1步枪的条件"。然而，美国海军陆战队对约翰逊半自动步枪发生兴趣。当时M1步枪尚未大批量生产，并且优先配发陆军，因此海军陆战队的自动火力严重不足（甚至在太平洋战争爆发后还大量装备M1903），不得不另外寻找一种半自动步枪代替。1941年，M1941半自动步枪开始装备美国海军陆战队。二战中后期，随着M1步枪的大批量生产，M1941半自动步枪的产量也就逐渐减少，在1944年停止生产。

美军高层正在审查M1941半自动步枪

构造与原理

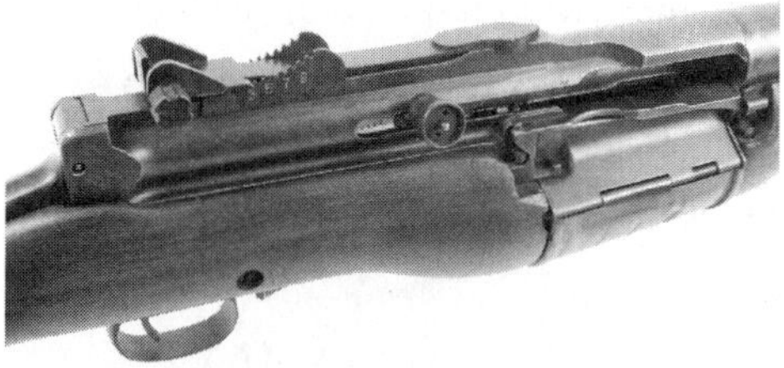

M1941约翰逊半自动步枪机械瞄准具特写

M1941约翰逊半自动步枪后方视角

M1941半自动步枪采用军用步枪中少见的枪管后坐式原理的自动方式，枪机回转式闭锁方式，射击方式为半自动，采用弧形表尺。该枪发射M1906斯普林菲尔德.30-06步枪弹（7.62×63毫米），枪管在子弹击发后因后坐力而后退，应用这个所传递的能量来完成开锁、退壳、闭锁及上膛的动作。

M1941半自动步枪的弹仓比较独特，由10发鼓形弹仓供弹，弹仓为半圆形，弹容量可达10发。枪管的后半截有套筒，套筒上布满了圆孔，拉机柄在枪的右侧，其枪弹也从右侧装入弹仓。M1941半自动步枪的枪管可轻易拆解，这使它颇受伞兵和特种部队欢迎。

性能与维护

与采用导气式自动方式的M1加兰德步枪相比，M1941半自动步枪因为没有活塞导气系统，其结构比较简单，质量较轻，携行方便。但这种自动方式较易出现故障，整个设计不够坚固耐用，容易损坏，加挂刺刀时更甚。该枪的另一独特之处是采用了弹容量为10发的旋转弹仓供弹，使该枪的横向尺寸较小，便于携带，但这种弹仓再装填比较费时，不如可拆卸式弹匣方便。

装备与服役

在二战期间，M1941半自动步枪的主要用户是美国海军陆战队。陆军方面，由于并非制式武器，一般部队都没有装备，但执行空降等特种作战任务的美国陆军第1特种作战部队特别重视该枪的便携性。M1941半自动步枪可分解成小件捆绑包装，这在战争时期是很重要的优点。美国曾经向德占区及日占区的地下抵抗组织空投过不少M1941半自动步枪。另外，美国战略情报局（中央情报局的前身）也采用了该枪。

虽然没有得到美国陆军的赏识，但是M1941半自动步枪依然获得了不少的国际订单。1940年，荷兰政府为了改变陆军轻武器的落后状态，进行了制式轻武器选型试验，约翰逊设计的半自动步枪是候选型号之一。1941年5月，荷兰在即将被德国入侵前选定M1941半自动步枪为陆军制式兵器，并向美国订货70000支。不过，很快荷兰就被德军占领，所以这批武器并未交付。法国被德国占领后，美国政府也向流亡于英国的自由法国出售了M1941半自动步枪。

手持M1941半自动步枪的荷兰士兵

M1918勃朗宁自动步枪

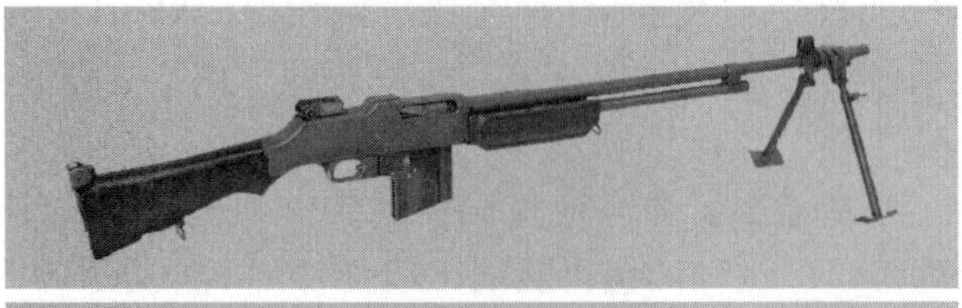

口径	7.62毫米	弹容量	20发
全长	1194毫米	枪口初速	860米/秒
枪管长	610毫米	最大射速	650发/分
重量	7.25千克	有效射程	1372米

M1918勃朗宁自动步枪（Browning Automatic Rifle，简称BAR）由美国著名枪械设计师约翰·勃朗宁设计，虽名为自动步枪，但往往作为轻机枪使用。

研发与生产

在一战期间，美国军队参战后发现，在欧洲大陆环境恶劣的堑壕战中，他们缺乏密集的火力。1917年，约翰·勃朗宁设计的一种可半自动或全自动射击的步枪很快被军方选中，迅速投产，并被军方正式命名编号为M1918。因研制太晚，在一战结束时只有少量勃朗宁自动步枪服役，但它仍以其高可靠性受到前线士兵的欢迎。20世纪30年代，勃朗宁自动步枪在欧洲仿制生产，作为轻机枪受到一些国家的欢迎。

二战中，美国军队的步兵班将勃朗宁自动步枪作为班用自动步枪，每排3支，用来构建火力压制点，使得步兵班的火力大为提高，步兵对这种自动步枪十分信任。战争期间，约有20万支勃朗宁自动步枪交付军队。20世纪50年代，勃朗宁自动步枪恢复生产，约生产了6万支。20世纪50年代末，发射7.62×51毫米枪弹的M14自动步枪与M60通用机枪列装美国军队后，勃朗宁自动步枪逐渐退役。

知识链接

约翰·勃朗宁（John Browning）是美国著名的轻武器设计师，于1855年出生于美国犹他州奥格登镇。其一生研制的各种枪械多达37种，其中包括著名的M1911手枪、M1918自动步枪和M2重机枪等。

约翰·勃朗宁（左）和他设计的M1918勃朗宁自动步枪

约翰·勃朗宁的儿子瓦尔·勃朗宁在法国演示M1918勃朗宁自动步枪

构造与原理

勃朗宁自动步枪采用导气式原理，可选择半自动或全自动方式射击。枪弹击发之后，一部分火药燃气经导气孔进入活塞筒，推动活塞，活塞连杆及枪机框后退，枪闩离开闭锁槽，整个机体后退，实现枪机开锁。开锁后的枪机框带动枪机后退，并压缩复进簧，而拉壳钩将空弹壳从弹膛内抽出，弹壳底部碰撞退壳板而将弹壳抛出，直到枪机框与缓冲器相撞，后退完全停止。如扣住扳机不放，复进簧带动枪机框及枪机前进，枪机的推弹突笋从弹匣内推出一发枪弹进入弹膛，枪机复进到位，枪机框继续前进，枪机后部上抬进入机匣内的闭锁槽完成闭锁，当闭锁时，枪机框继续前进而撞击击针击发。继续扣住扳机，又开始下一个循环。

勃朗宁自动步枪所有金属部件均经过蓝化工艺处理，机匣用一整块钢加工而成，所以外观上显得粗壮结实。枪口安装圆柱形消焰器，枪管上端印有制造厂的首写字母及生产年月，型号标志、制造厂及枪号则印刻在机匣顶部。枪托和刻有格子花纹的下护木由胡桃木制成。

美国士兵试射勃朗宁自动步枪

性能与维护

勃朗宁自动步枪构造简单，分解结合方便。二战期间，勃朗宁自动步枪的射速及可靠性受到了战斗部队的高度评价。不过，勃朗宁自动步枪也存在一些缺点。虽然原来设计是作为单兵自动步枪，可由单兵携行于行进间射击，进行突击作战，压制敌方火力，为己方提供火力支援，但勃朗宁自动步枪较重（7.25千克），并不方便携行，发射大威力步枪弹的后坐力也使全自动射击时难以控制精度。勃朗宁自动步枪曾被用作执行轻机枪的火力压制任务，然而20发弹匣容量限制了火力持续性，持续射击会烧灼枪管，且枪管无法快速更换，这些因素妨碍了它扮演真正轻机枪的角色。

↑手持M1918勃朗宁自动步枪抓捕德军俘虏的美军士兵

装备与服役

勃朗宁自动步枪是美国军队在二战和20世纪50年代的局部战争中的主要步兵装备之一。除美国外，还有多个国家的军队采用勃朗宁自动步枪，包括奥地利、波兰、澳大利亚、比利时、巴西、柬埔寨、加拿大、智利、哥伦比亚、埃及、埃塞俄比亚、芬兰、法国、希腊、以色列、老挝、卢森堡、墨西哥、荷兰、挪威、巴基斯坦和巴拿马等数十个国家。

↑波兰士兵使用M1918勃朗宁自动步枪作战

M1卡宾枪

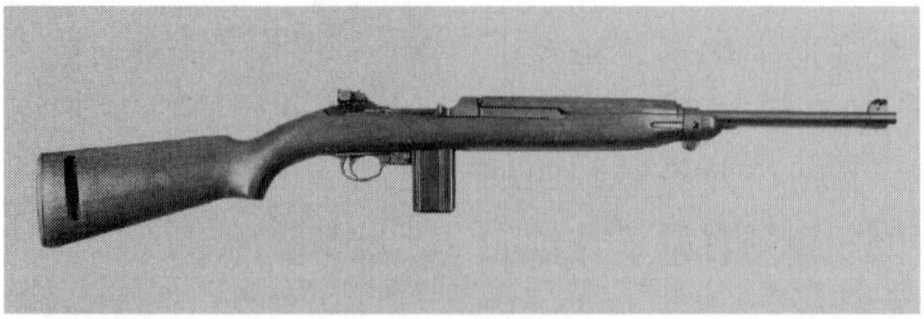

口径	7.62毫米	弹容量	30发
全长	900毫米	枪口初速	607米/秒
枪管长	460毫米	最大射速	900发/分
重量	2.4千克	有效射程	300米

M1卡宾枪（M1 Carbine）是美国在二战时期装备的一种短管半自动步枪，是美军在二战中使用最为广泛的武器之一。

研发与生产

M1卡宾枪原本是美国陆军要为二线部队提供的一种用于替代制式手枪的自卫武器，该要求最早于1938年提出，其设想的是研制一种类似于卡宾枪的肩射武器，它将使用中等威力的弹药，并拥有比手枪更远的有效射程，且比M1加兰德步枪更方便携带和使用。该要求被搁置了一段时间后，于1940年重新提出。当时美国陆军军械部提出的具体战术技术指标包括：枪支重量小于2.5千克，能实施单发或连发射击，能取代手枪和冲锋枪作为军士、炮手、基层军官或机枪手、通信兵及二线人员使用的基本武器。

1940年6月，当时的美国国防部部长正式批准了轻型自卫武器的研制工作。同年11月中旬，美国陆军委托温彻斯特连发武器公司研制威力介于步枪弹和手枪弹之间的新型弹药，而新枪的研制则有11家公司竞争。但温彻斯特连发武器公司正忙着调整M1加兰德步枪的生产线，因此在1941年5月进行的第一次对比试验中未能及时提交自己的产品。在经过5月份的初步射击试验后，美国陆军放弃了对连发射击的技术要求。到1941年9月进行第二次对比试验前，温彻斯特连发武器公司提交了他们研制的半自动轻型步枪。此后，选型委员会的报告书认为温彻斯特连发武器公司提交的样枪最为出色。于是，新枪在10月正式定型并命名为M1卡宾枪。

⇧配备M1卡宾枪的美军士兵

⇧背着M1卡宾枪的美军士兵

构造与原理

M1卡宾枪采用短行程活塞的导气自动原理，导气孔位于枪管中部，距弹膛前端面约115毫米，活塞在枪管的下方，后坐距离仅3.5毫米。在发射时，火药燃气通过导气孔进入导气室并推动活塞向后运动，活塞撞击枪机框，使其后坐。

早期M1卡宾枪上的保险是横推式的开关，但在持续射击时保险按钮很快会变得过热，从而影响更换弹匣，因此后来改为回转式的杠杆开关。早期M1卡宾枪采用翻转式L形表尺，照门的大觇孔射程设定在137米，小觇孔为274米。之后表尺改为滑动式，距离从100～300米内可调，并可以调整风偏。早期M1卡宾枪上并不能配刺刀，后来根据部队提出的要求，在1943年10月开始试验M1卡宾枪的刺刀，最后在1944年5月选定了T8试制型刺刀，并正式命名为M4刺刀，同时在枪管下方增加了方形的刺刀座。

M1卡宾枪配有草绿色的帆布枪带，在枪托上可以附加2个弹匣袋，以便在枪身上携带2个备用弹匣。此外，M1可安装M8枪榴弹发射筒，以发射枪榴弹。

性能与维护

与M1加兰德步枪相比，M1卡宾枪有便于更换的弹匣和较大的弹容量，实际射速高而且后坐力低，其射击精度和侵彻作用比使用手枪弹的冲锋枪强。因此，在二战期间，M1卡宾枪及其变型枪是一种相当有效的步兵近战武器。在欧洲战场，这种武器和其改进型M1A1卡宾枪大量装备给士官、侦察兵和空降部队。而在太平洋战场几乎遍地都是，几乎完全取代了M1加兰德步枪。

在20世纪50年代的局部战争中，M1卡宾枪在严寒低温环境下的可靠性表现得很差，而且据说甚至不能有效射穿厚棉衣。不过在越南战争初期，又轻又短的M1卡宾枪又成了一种非常有用的丛林战步枪而受到欢迎，直到M16A1的出现。

↑ 美军士兵使用M1卡宾枪作战

装备与服役

二战期间，M1卡宾枪被美国军队广泛使用。直至现在，以色列仍拥有大量M1卡宾枪及其弹药，但由于过于老旧以及只能单发射击，以色列决定以保留原枪机部件的方式进行改进，设计出两种新式步枪。除此之外，英国、奥地利、阿根廷、缅甸、柬埔寨、古巴、丹麦、埃及、埃塞俄比亚、法国、希腊、伊朗、伊拉克、意大利、日本、老挝、利比亚、墨西哥等数十个国家均有采用。

硫磺岛战役中手持M1卡宾枪的美军士兵

手持M1卡宾枪严阵以待的美军士兵

装备M1卡宾枪准备冲锋的美军士兵

2.2 机 枪

M1941约翰逊轻机枪

口径	7.62毫米	弹容量	20发
全长	1100毫米	枪口初速	853.6米/秒
枪管长	560毫米	最大射速	600发/分
重量	5.9千克	有效射程	548米

M1941约翰逊轻机枪是M1941约翰逊半自动步枪的衍生型，设计者也是梅尔文·约翰逊上尉。

研发与生产

1941年底，美国开始全面加入二战。不过，当时的美国总统认为应该采用先攻打德国，再攻打日本的战略，因此很多的物资都被优先供给美国陆军使用，而海军陆战队不得不寻求其他武器，包括M50冲锋枪、M1941约翰逊半自动步枪和M1941约翰逊轻机枪。M1941轻机枪由M1941半自动步枪改进而来，两者都在1937年下半年成功通过测试。在二战期间，M1941轻机枪一共生产了9500支左右，后来还有M1944改良型。二战结束后，梅尔

↑美军士兵检视M1941约翰逊轻机枪

文·约翰逊上尉仍然设计了不少枪械供美军使用，如AR-10和AR-15就使用了不少M1941轻机枪的设计概念。

构造与原理

作为M1941半自动步枪的衍生型，M1941轻机枪也采用枪管短后坐式工作原理，因此两者内部结构大同小异而且有很多零件可以通用，但由于M1941轻机枪要顾及全自动射击而有两种闭锁方式：当要半自动射击时，枪机是关闭的以保证子弹的准确度；当要全自动射击时，枪机改为开放以便冷却。M1941半自动步枪采用10发旋转弹仓供弹，M1941轻机枪则采用25发单排弹匣侧向供弹，提高了火力的持续性。作为轻机枪，它也加装了双脚架和手枪式把手。

⊙ M1941约翰逊轻机枪两侧视角

性能与维护

⊙ 使用M1941约翰逊轻机枪伏击敌军的美军士兵

M1941轻机枪的重量比M1918勃朗宁自动步枪更轻，分解结合比较容易，适合空降部队和特种部队使用。在太平洋战争中，美军发现M1941轻机枪存在不少缺点：作为一支要发射高威力子弹的轻机枪，它不够重而令其后坐力较大，全自动射击时较难控制，这可以说是所有要发射高威力子弹的全自动枪械皆要面对的问题。另外，M1941轻机枪故障率高，尤其经不起沙尘和泥水的环境。M1941轻机枪在使用一段时间之后还会有一点扭曲变形的状况，使得许多美军士兵都批评很少更换枪管的M1941轻机枪实在是很难进行归零射击。

装备与服役

二战中，使用M1941轻机枪的单位并不多，主要有美国海军陆战队及美国陆军第1特种作战部队（一半是加拿大军、一半是美军组成，由于作战能力高，德军称其为“魔鬼兵团”）。除美国和加拿大外，英国和菲律宾军队也曾使用过M1941轻机枪。直到1961年，各国的M1941轻机枪才完全退役。

↑ 使用M1941约翰逊轻机枪的美军士兵

M1917勃朗宁重机枪

口径	7.62毫米	弹容量	250发
全长	965毫米	枪口初速	853米/秒
枪管长	610毫米	最大射速	600发/分
重量	47千克	最大射程	900米

M1917勃朗宁重机枪是美国枪械设计师约翰·勃朗宁研发的7.62毫米口径水冷式重机枪，1917年成为美军的制式武器，在两次世界大战中被广泛使用。

研发与生产

瓦尔·勃朗宁试射M1917重机枪

M1917重机枪的研制最早可以追溯到1900年，当时约翰·勃朗宁成功设计了一种枪管短后坐式原理的重机枪，并获得了专利权。在此基础上做出较大改进后，约翰·勃朗宁于1910年制造出水冷式重机枪的样枪。一战爆发后，由于美国从法国购买的M1915机枪性能不佳，无法满足美军要求，所以，美国军方希望能够在国内寻找一种更加优秀的机枪来替代它，这时勃朗宁设计的重机枪引起了美国军方的注意。

美国战争部对勃朗宁设计的重机枪进行了射击试验，在多达2万发枪弹的射击试验后，依然有人质疑勃朗宁重机枪的性能。之后，勃朗宁使用改进型重机枪进行了长达48分12秒的连续射击试验，直接赢得了美国军方的订单。1917年，勃朗宁设计的重机枪被美军定为制式武器并命名为M1917勃朗宁重机枪，并获得了1万挺的订单。在一战结束时，M1917重机枪已经生产了5.6万挺以上，之后仍继续生产，最终产量约200万挺。

构造与原理

M1917重机枪发射7.62×63毫米弹药，枪管采用水冷却方式，枪管外套有容量3.3升水的套筒，用于冷却枪管。采用枪管短后坐式工作原理，卡铁起落式闭锁机构。机匣呈长方体结构，内装自动机构组件。当发射子弹时，子弹弹出的反作用力令枪管和枪管延伸部以及枪柱同时后坐，当后退了16毫米，枪管和枪管延伸部会停止后退，这时枪柱会开锁并继续后退去完成退弹壳和拉弹链，之后它会被复进簧推向前从而把下一发子弹上膛。

保存在博物馆中的M1917重机枪

M1917重机枪采用250发弹

带供弹，利用枪机后坐能量带动拨弹机构运动。该枪的枪管可在节套中拧进或拧出，以调整弹底间隙。该枪准星为片状，可做横向调整。表尺为立框式，可修正风偏。此外，M1917重机枪还配有三脚架。

性能与维护

M1917重机枪持续火力强，可靠性极佳，即使美军在战斗中连续射击了39500发子弹也只有一个零件故障。因此，美军在装备了风冷式的M1919重机枪后仍继续使用M1917重机枪至20世纪50年代。M1917重机枪的缺点在于重量方面，其体积不算太大，但是加上三脚架却有超过45千克的重量，显得非常笨重。此外，由于M1917重机枪采用水冷结构，因而在高寒及无水地区不便使用。

早期的M1917勃朗宁重机枪

装备与服役

M1917重机枪由一战末期美国参战开始成为美军主力重机枪，直至二战在太平洋群岛的争夺战当中仍是主力火力支援武器，二战之后的局部战争中也有使用。装备M1917重机枪的国家主要为美国，此外，波兰、菲律宾、阿根廷、挪威、瑞典等国也有使用。

美军士兵使用M1917勃朗宁重机枪作战

美军士兵使用M1917重机枪作战

M1919勃朗宁中型机枪

口径	7.62毫米	弹容量	250发
全长	1346毫米	枪口初速	850米/秒
枪管长	610毫米	最大射速	600发/分
重量	14千克	有效射程	1400米

M1919勃朗宁中型机枪是约翰·勃朗宁在M1917重机枪基础上改进而来的气冷式机枪，被美国等多个国家用于中型机枪、同轴武器及航空机枪等用途。

知识链接

中型机枪（medium machine gun，简称MMG）是一个近代枪械用语，泛指发射全威力弹药、弹链供弹、具有全自动火力的机枪。中型机枪一般具有可拆式重枪管、两脚架，可由1～2名步兵携行及操作，火力、尺寸和重量介乎于轻机枪与重机枪之间。

研发与生产

尽管M1917系列重机枪性能优秀，但这种水冷式重机枪在坦克中占据了太大的空间，而且对步兵来说太过笨重。一战结束后，约翰·勃朗宁在M1917重机枪的基础上，去掉枪管上外罩的水筒，将水冷式改为气冷式，重量大幅度减轻，逐步推出了M1919系列机枪。首先推出的是装在坦克上的M1919和M1919A1，以及供骑兵使用的M1919A2。此后，又研制出了M1919A4，美军把它当作轻机枪，用以在中、近距离上对步兵进行火力掩护，还可以在侧翼支援步兵进攻，在防御阵地实施火力支援。但M1919A4在进攻中赶不上步兵的速度，所以不适合作为进攻性武器，于是又出现了M1919A6。

⊙使用M1919勃朗宁中型机枪的美军二人小组

M1919也曾被搬上飞机成为航空机枪，在二战初期的美国战机上大量采用了M1919。除美国之外，英国战机也采用M1919并改用英式7.7毫米口径子弹，后来发现此等火力对有装甲保护的战机和轰炸机杀伤力有限，才改用更大口径的机枪。M1919系列机枪在1945年战争结束后停产，总产量约500万挺。

⊙美军士兵使用M1919勃朗宁中型机枪作战

构造与原理

M1919中型机枪与M1917重机枪的枪身结构几乎一样，大部分零件可以互换，主要改进了枪管套筒、两脚架、提把和枪托等零部件。M1919中型机枪将M1917重机枪的水冷方式改进为气冷方式，质量大为减轻，既可车载又可用于步兵携行作战。外观上明显的特征是枪管外部有一散热筒，筒上有散热孔，散热筒前有助退器。

⊙M1919勃朗宁中型机枪及其弹药箱

M1919中型机枪与M1917重机枪一样，采用枪管短后坐式工作原理，卡铁起落式闭锁机构。机匣呈长方体结构，内装自动机构组件。枪弹击发后，枪机和枪管只共同后坐一小段行程，机匣中的两个开锁斜面同时下压闭锁卡铁两侧的销轴，迫使闭锁卡铁滑出枪机下部的闭锁槽，于是枪机开锁，脱离枪管节套，单独后坐；枪管节套在惯性作用下向后运动，压缩枪管复进簧。后坐过程中，枪机从弹带中抽出一发枪弹，抽壳钩从弹膛内抽出发射过的弹壳。枪机后坐到位后，复进簧伸缩，推动枪机复进，抛壳挺撞击弹壳，使之向下方抛出。枪机继续复进，完成推弹入膛、枪机与枪管的闭锁动作。在枪机与枪管共同复进过程中，打击枪弹底火，完成一个自动循环过程。

性能与维护

M1919中型机枪连脚架在内的重量为18.6千克，与重达47千克的M1917重机枪比起来，重量大幅度减轻。不过，M1919中型机枪不能像水冷式机枪那样维持长时间持续火力。另外，虽然M1919中型机枪大幅减轻了重量，但仍然没有达到步兵轻松携行的地步。M1919中型机枪转移阵地时至少需要两人操作，基本上是一人扛机枪，另一人扛M2三脚架，另有人携带弹药箱。在战场上，转移阵地过程中只要有一人负伤，枪身、三脚架、弹药三者中可能就有一部分将不能到达目的地。当时美军研制了可以同时携带枪身和三脚架的专用携行具，但由于单个士兵本身负重所限，想要迅速地转移机枪和所必备的弹药很困难。在实战中，很多情况下士兵只能依靠M1919的枪身来进行概略射击，其作战效能大打折扣。

↑ 美军士兵使用M1919中型机枪作战

↑ 美军士兵使用M1919中型机枪在德国亚琛作战

装备与服役

1941年底美国加入二战后，M1919中型机枪逐步取代了大多数M1917重机枪，成为二战期间美国陆军最主要的连级机枪。20世纪50年代后期，美国军队中的M1919系列机枪被M60通用机枪所取代，在部分北约成员国及其他国家中则服役至70年代。

M2勃朗宁重机枪

口径	12.7毫米	弹容量	110发
全长	1650毫米	枪口初速	930米/秒
枪管长	1140毫米	最大射速	635发/分
重量	38千克	有效射程	1830米

M2勃朗宁重机枪是由约翰·勃朗宁在一战后设计的气冷式重机枪，采用12.7×99毫米（.50 BMG）大口径弹药，直到现在仍在服役。

研发与生产

1918年，约翰·勃朗宁应美国远征军的要求，研制了12.7毫米口径重机枪，基本上是将M1917重机枪按比例放大而成，不同之处是增加了一个液压缓冲器和后阻铁，去掉了M1917重机枪上的小握把。1921年，新式重机枪定型，命名为M1921勃朗宁重机枪，主要用于20世纪20年代的防空及反装甲用途。1932年，M1921重机枪的改进型被美军命名为M2重机枪，采用质量较轻、操作方便的气冷枪管。1933年前后，约翰·勃朗宁又设计了重枪管型，命名为M2HB重机枪。后来更推出了可快速更换枪管的M2QCB（quick change barrel）及轻量化版本，这些版本一直沿用至今。

↑ 早期的M2重机枪

构造与原理

M2重机枪采用枪管短后坐式工作原理，卡铁起落式闭锁结构，冷却方式为气冷式。供弹机构为单程输弹、双程进弹，拨弹杆尾端的导柱卡入枪机顶部的曲线槽内，当枪机做往复运动时，实现供弹动作。M2重机枪采用简单的片状准星和立框式表尺，准星和表尺都安置在机匣上。

性能与维护

M2重机枪采用的12.7毫米大口径弹药有火力强、弹道平稳、极远射程的优点，每分钟485发至635发（二战时航空用版本为每分钟1200发）的射速及后坐作用系统令其在全自动发射时十分稳定，命中率也较高，但低射速也令M2重机枪的支援火力降低。

M2重机枪发射普通弹时的最大射程可达7.4千米，装有M3三脚架时也有1.8千米的有效射程。该枪净重38千克，V字蝴蝶形扳机装在机匣尾部并附有2个握把，射手可通过闭锁或开放枪机来调节全自动或半自动发射。M2重机枪用途广泛，为了对应不同配备，它可在短时间内更换为机匣右方供弹，并且无须专用工具。

现代美国海军陆战队士兵正在使用M2重机枪

安装在装甲车上的M2重机枪

装备与服役

M2系列重机枪是世界上最著名的大口径机枪之一，自20世纪20年代起装备美军的飞机、步兵架设的火力阵地以及军用车辆，如坦克、装甲运兵车等。该枪至今仍在服役，经历了二战及二战后的多场局部战争，可以说是极为成功

美军士兵在诺曼底地区使用M2重机枪

的重机枪设计，也是美军轻武器中服役时间最长的一种，直到21世纪在各国服役皆有很好的评价。目前，仍有50多个国家装备M2系列重机枪，而且大多数西方国家都有使用。瑞典、英国、澳大利亚、韩国及日本还获FN公司合法授权生产M2。值得一提的是，除了增加了快拆枪管以外，M2重机枪的原始设计到今天几乎没做太大变更，并具有多种衍生型。

T24通用机枪

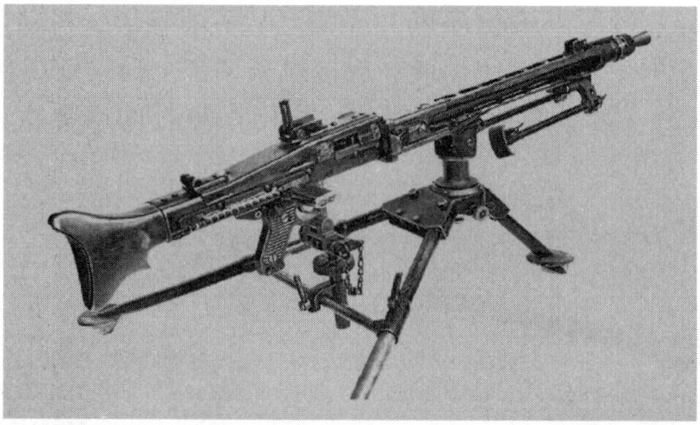

口径	7.62毫米	研发时间	1944年
枪机	滚轮式枪机	瞄具	机械瞄具
子弹	.30-06春田步枪弹	生产商	席格诺转轴器有限公司

T24是美国仿制MG42而成的通用机枪，使用.30-06春田子弹。

二战时期的欧洲战场上，德军使用的MG42通用机枪火力十分强大，这使德国的盟军们保持又憎恨又恐惧的态度。在欧洲各国都考虑到自身装甲或炮击部队的实力，想办法来掩护掷弹兵突破时，美国却反其道而行之，决定用同样的方法来回击对手，于是由萨吉诺转向机有限公司负责，建立了由1挺原型工程枪搭配美军使用的.30-06子弹以创造出威力比MG42还强大的机枪，并且暂定命名为T24通用机枪。然而设计T24通用机枪时，是以子弹为基准而不是以枪支原有的结构去配合威力更大的子弹，所以因装药量过大并超过了原来的MG42的结构导致T24通用机枪在全自动射击的情况下难以驾驭，最后并没有装备于美国军队。

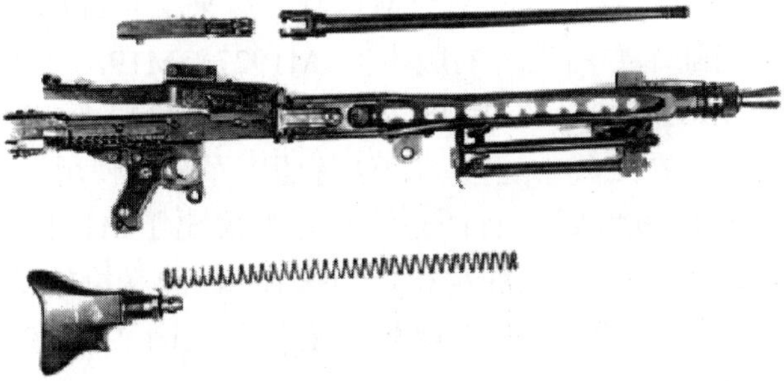

拆卸后的T24

2.3 冲锋枪

汤普森冲锋枪

口径	11.43毫米	弹容量	20发、30发、弹鼓50发、弹鼓100发
全长	852毫米	枪口初速	285米/秒
枪管长	270毫米	最大射速	1500发/分
重量	4.9千克	有效射程	150米

汤普森冲锋枪（Thompson Submachine Gun）是美军在二战中最为著名的一种冲锋枪，又称汤米冲锋枪（Tommy Gun）、芝加哥打字机（Chicago Typewriter）、芝加哥小提琴（Chicago Violin）。

研发与生产

汤普森冲锋枪以美国自动武器公司创建人之一约翰·汤普森将军命名，

但实际上是由其设计小组中的奥斯卡·佩思和西奥多·奥克霍夫设计的，旨在为军方研制一种取代当时流行的手动步枪的自动武器。汤普森冲锋枪的早期测试型号为M1919，最早生产型为M1921，后来又相继出现了M1923（自动武器公司为美国陆军专门生产的版本）、M1927、M1928（美军第一种大量装备的版本）和M1928A1等改进型号。其中，M1928A1于1930年研制成功，并少量装备了美军，在二战中还为英、法等盟国军队所使用。

1942年，在对M1928A1进行改进之后，发展出了M1冲锋枪，并正式装备美军，成为美军第一支制式冲锋枪，后来在M1冲锋枪的基础上又改进为M1A1冲锋枪。在二战期间，汤普森冲锋枪的产量高达140多万支，最后于1945年停止生产，并逐渐被M3冲锋枪取代。

知识链接

由于曾被二战盟军使用的关系，汤普森冲锋枪成为现在收藏家寻找的珍品，一把可正常运作的M1928原型售价超过2万美元。

⊕ 手持汤普森冲锋枪的约翰·汤普森将军

构造与原理

早期的M1921采用半后坐、延迟闭锁系统设计，机匣用整块钢材铣削而成。由于射速高，枪管迅速过热，所以枪管带有散热刻纹，并采用木制前握把；M1923装有长方形护木、两脚架、背带及刺刀座，原本预定填补勃朗宁

⊙ 装有弹鼓的M1921型

⊙ 拆解后的M1928型

自动步枪（BAR）的空缺，但陆军对BAR的表现满意而没有考虑订购；M1927是M1921的半自动版本，由M1921替换部分零件改造而成，虽然M1927只有半自动发射模式，但可以轻易改装成全自动版本，在1934年美国国家枪械法案中，M1927被定位为机枪；M1928是M1921的改进版，加装了降低射速的零件，瞄具是可调整射程的折叠式觇孔瞄准具；M1928A1移除木制前握把，改为枪管下的长方形护木、垂直式主握把及备有军用背带，它可对应20发、30发直弹匣及50发弹鼓。

M1是M1928的简化版，它改用单纯的后坐作用运作系统，取消枪机上延迟机构，改变机匣形状，拉机柄从机匣上方改为位于机匣侧面，省略枪管上的螺纹状散热片与枪口制退器，固定孔式后照门取代可调式后照门，弹匣槽不再对应使用弹鼓，装有木制固定式枪托并直接用螺栓直接锁在枪机容纳部上，射速降至每分钟约600～700发，同时推出了更便宜且易于生产的30发直式弹匣；M1A1是M1的改进型，主要不同之处是将活动式击针改为固定式击针，并取消了击铁，其他与M1基本一样。

性能与维护

与其他9毫米冲锋枪相比，使用.45 ACP（11.43×23毫米）弹药的汤普森冲锋枪威力更大。该枪是最早采用双列进弹的冲锋枪，这增加了它在可靠性方面的声誉。此外，汤普森冲锋枪接触雨水、灰尘或泥后的表

⊙ 加拿大士兵手持汤普森冲锋枪

现也比当时其他大多数冲锋枪优胜。

汤普森冲锋枪的缺点也很明显。其射速很高，有一个相当沉重的扳机，弹药量极快下降，枪管于自动射击时很容易上扬，导致精度较差。相较于现代的9毫米冲锋枪，结构复杂的汤普森冲锋枪可算是相当沉重，这是士兵对汤普森冲锋枪的主要投诉之一。另外，虽然鼓式弹匣提供了显著的火力，但在军队服役时被发现其过于笨重，尤其是当巡逻时挂在身上。汤普森冲锋枪的鼓式弹匣还相当脆弱，里面的子弹往往一直来回碰撞，产生不必要的噪音。基于这些原因，20发和30发弹匣很快就成为最流行的汤普森冲锋枪弹匣，往后的M1和M1A1设计也没有再兼容鼓式弹夹。

装备与服役

20世纪30年代时期，美国海军和海军陆战队是M1928型的主要用户。二战爆发之初，英国和法国也订购了M1928型，并因此挽救了濒临倒闭的自动武器公司。M1928A1型在二战早期只有两家工厂生产，直到在珍珠港事件前才开始大量生产，成为美国海军陆战队在太平洋战场的主要装备。因为美国《租借法案》的关系，部分M1928A1被送往法国、英国等地。苏联也凭借《租借法案》收到了M1928A1冲锋枪及M3“斯图亚特”轻型坦克，但由于苏军.45 ACP弹药短缺，因此整个二战采用并不普遍。2006年，俄罗斯把少量当年的M1928A1拆开成“备用零件”运回美国。

除了军用市场，汤普森冲锋枪在民间的使用也非常普遍。一战结束后，大量滞销的汤普森冲锋枪流入民间，而以芝加哥黑帮为首的非法组织成为这批枪械的主要用户。因汤普森冲锋枪拆下木托和弹鼓后，可以方便地藏进小提琴盒里，这是它被称为“芝加哥小提琴”的原因。20世纪20～30年代，黑帮组织大量使用汤普森冲锋枪，这是美国国会于1934年通过全国枪支法的主要原因之一。

知识链接

1925年9月25日，芝加哥南区帮的老大艾德华·欧康诺遭到敌对组织的枪手持汤普森冲锋枪扫射，使他成为此型枪支流入民间后的第一个袭击对象。但因汤普森冲锋枪在连续射击时产生的严重上飘现象，使得遇袭时趴倒在地上的欧康诺得以幸免，成为少数得以善终的芝加哥黑帮首领。

㊉ 装备汤普森冲锋枪的英军士兵

㊉ 美国海军陆战队士兵使用汤普森冲锋枪

M3冲锋枪

口径	11.43毫米、9毫米	弹容量	30发
全长	760毫米	枪口初速	280米/秒
枪管长	203毫米	最大射速	450发/分
重量	3.7千克	有效射程	91米

M3冲锋枪是美国通用汽车公司于二战时期大量生产的廉价冲锋枪，1942年12月开始服役，取代造价昂贵的汤普森冲锋枪。由于其外形像是为汽车打润滑油（黄油）的润滑油枪，也叫M3黄油枪。

研发与生产

M3冲锋枪是由通用汽车公司的工程师乔治·海德和弗里德里克·桑

保存至今的M3冲锋枪及其配件

普森根据1941年美军兵器委员会提出的指标共同发展设计的。当时，美军兵器委员会有感于西欧战场上的冲锋枪效能突出，尤其是德国的MP40冲锋枪和英国的斯登冲锋枪更具代表性，所以也于1942年10月开始研究发展相当于斯登冲锋枪的美国冲锋枪。美军兵器委员会要求新式冲锋枪必须容易使用，拥有斯登冲锋枪一样的功能且廉价，采用全金属枪身，可在只转换少数零件后使用11.43毫米口径的自动手枪子弹或是9毫米鲁格弹。

1942年11月，通用汽车公司完成了样枪并提交陆军测试。该枪在测试中得到了95分的高分，发射5000发子弹仅有两次故障。在1942年12月正式生产之前，该枪又进行了几项小的改进。二战期间，美国一共生产了将近60万支M3冲锋枪，其中大多数的M3使用的是11.43毫米口径的自动手枪子弹，也有约2.5万支使用的是9毫米鲁格弹。

构造与原理

M3冲锋枪是全自动、气冷、开放式枪机、由反冲作用操作的冲锋枪。枪机平时被机簧卡在后方开放的位置，扣扳机时以复进弹簧的力量将子弹上膛，枪机的前方有一个退壳爪，抓住弹壳，上膛同时击发，击发后以点燃发射药产生的高压气体后推退壳，经退子钩弹出弹壳，此时若扳机尚未松开则继续击发，一直到子弹打完为止；若是扳机已松开，则枪机再度卡在后方开放的位置。若子弹打完扳机仍未松开，枪机则会向前顶住枪膛。此时上弹匣后需将右侧拉柄向后拉，带动枪机后退压缩复进弹簧被机簧卡住，回复准备击发的位置。

M3冲锋枪由金属片冲压、点焊与焊接制造，缩短了装配工时。只有枪管枪机与发射组件需要精密加工。机匣是由两片冲压后的半圆筒状金属片焊

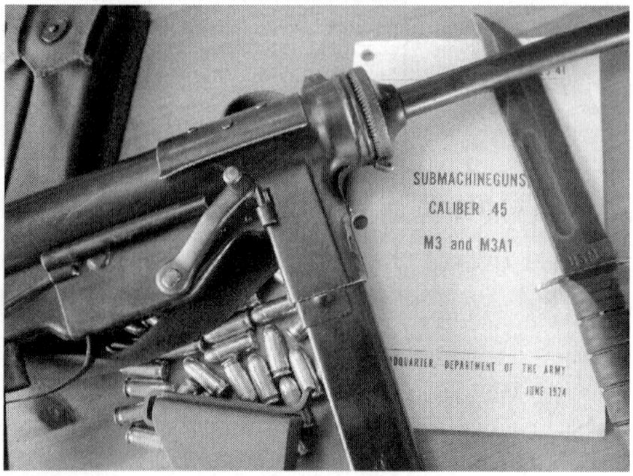

M3冲锋枪及其弹药

接成一圆筒，前端是一个有凸边的盖环固定枪管。枪管有四条右旋的膛线，批量生产后又设计了防火帽可加在枪管上。附于枪身后方的是可伸缩的金属杆枪托。枪托金属杆的两头均设计当作通条，也可用作分解工具。

⊙ M3冲锋枪抛壳口特写

性能与维护

M3冲锋枪的设计目标是“具备最出色的生产性能”，也就是说，必须易于大批量生产。最初试制是在通用汽车公司内进行。在设计过程中最重视并作为参考的是英国的斯登冲锋枪。大量采用冲压件和焊接工艺的英国斯登冲锋枪在当时是生产成本最低、便于大批量生产的冲锋枪。M3冲锋枪被设计为“用坏即丢”的武器，不需要维修，外观上也与以往的美制冲锋枪大相径庭，所以美军士兵最初对M3冲锋枪的外观极不习惯，耻笑其为“黄油枪”。不过，射速较慢、射击时易于控制的M3冲锋枪在实战中表现良好，很快就得到了美军士兵们的信赖。1944年时，新的M3冲锋枪数量不足，美国陆军兵器工厂开始制造替换零件。

⊙ 手持M3冲锋枪押解德军俘虏的美军士兵

装备与服役

1943年秋季，美军开始装备M3冲锋枪，在二战中后期广泛使用。值得一提的是，有1000支11.43毫米口径的M3冲锋枪的枪口装有贝尔实验室设计的消音器，主要供美国军方情报人员使用。除美国外，阿根廷、玻利维亚、哥伦比亚、厄瓜多尔、希腊、日本、韩国、马其顿、摩洛哥和菲律宾等国也采用了M3冲锋枪。直到21世纪，仍有一部分在服役。

赖辛冲锋枪

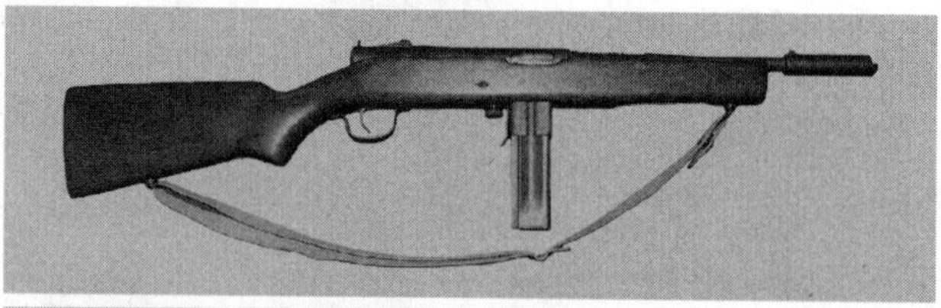

口径	7.62毫米	弹容量	20发
全长	959毫米	枪口初速	280米/秒
枪管长	279毫米	最大射速	550发/分
重量	3.1千克	有效射程	100米

赖辛冲锋枪是美国海军陆战队在二战中使用的冲锋枪之一。二战期间主要生产了两种版本，即M50型和M55型。其中，M55型是M50型的可折叠枪托版。

研发与生产

赖辛冲锋枪由美国人尤金·赖辛（Eugene Reising）设计，并以设计师的名字命名。该枪在1940年申请专利，1941年由哈林顿-理查森（Harrington & Richardson，简称H & R）军工厂投入生产。1942年，正在寻求自动武器的美国海军陆战队签订了第一份合同，订购了很大数量的赖辛冲锋枪，以帮助海军陆战队过渡（当时海军陆战队属于二线部队，装备的还是春田步枪）。除了海军陆战队，赖辛冲锋枪还被销售给了类似于国民警卫队之类的本土防卫组织。此外，还专门生产了供美国海军陆战队坦克手和伞兵使用的折叠枪托版，即M55型。H & R还产生了一种半自动版本，被称为M60型，用于培训和维护。还有一种实弹训练所使用的.22 LR口径半自动武器，被称为M65型。

⊕ 赖辛冲锋枪细节图

构造与原理

赖辛冲锋枪的枪身较轻，在设计上采用了由关闭式枪栓控制开火循环及延迟后喷。从设计来说，正是由于采用了轻型枪栓的设计，所以才不得不采用延迟后喷的方式。赖辛冲锋枪的一大缺点是它的拉手（操作拉杆）位于枪托前部下侧中间的槽里。由于在实战中经常在沙包或土地上架枪，所以泥土容易进入这个地方，很可能影响操作性。M55型和M50型有几处不同，最明显的一处是M55型的铁丝结构枪托，显得很不结实。后期型号取消了消焰器并简化了内部结构，还降低了射速，体积上更轻更短。

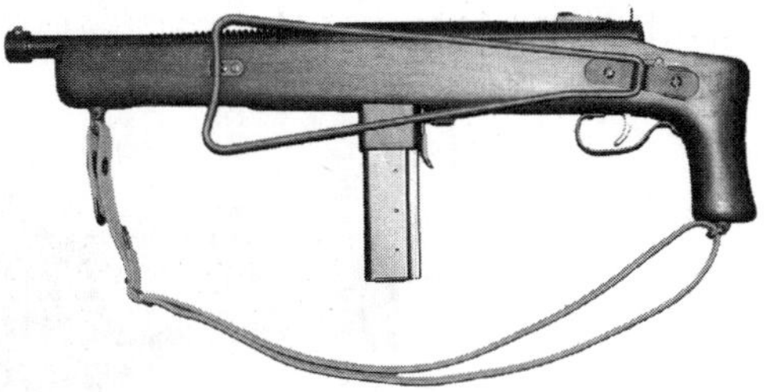

↑可折叠枪托的M55型

性能与维护

赖辛冲锋枪轻巧而且精准度较高，这要归功于它的枪托和良好的关闭式枪栓设计。由于结构简单，赖辛冲锋枪非常便于生产，且造价低廉。不过，受限于20发弹容量，赖辛冲锋枪在火力上有所不足。另外，美国海军陆战队认为赖辛冲锋枪的可靠性不高，尤其是当枪被泥沙灰尘弄脏后会出现动作不畅的问题。这在军队中是一个很严重的问题，但在警察手中则变得不那么明显。赖辛冲锋枪在城市环境下可靠性更好，且单发精度很高，所以美国警察部门也采用了赖辛冲锋枪并使用了数十年之久。

装备与服役

二战中，赖辛冲锋枪首先被美国海军陆战队使用，随后流传到加拿大、英国、苏联和其他同盟国军队。在战争期间，大量赖辛冲锋枪被送到太平洋战区的文职人员手中，更多的则作为海军陆战队军官和军士的轻型卡宾枪使

↑手持赖辛冲锋枪的美军小队

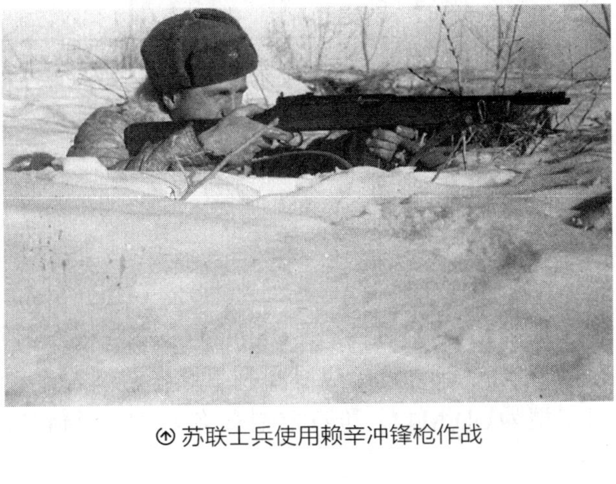

↑苏联士兵使用赖辛冲锋枪作战

用，因为当时M1卡宾枪尚未广泛列装。海军陆战队空降兵则装备了折叠枪托的M55。

↑美国海岸警卫队士兵使用赖辛冲锋枪

UD M42冲锋枪

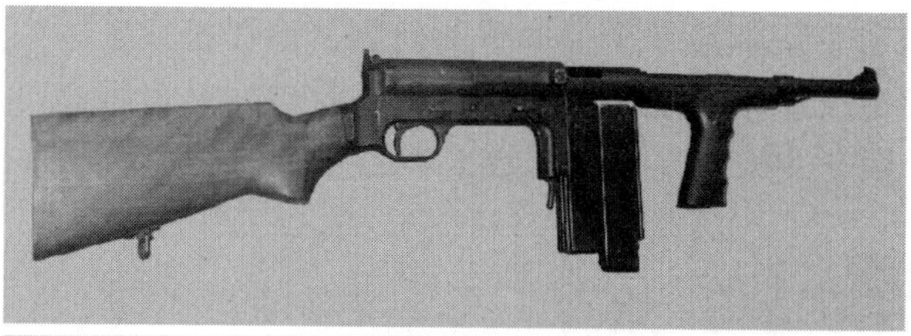

口径	9毫米	弹容量	20发
全长	820毫米	枪口初速	335米/秒
枪管长	279毫米	最大射速	700发/分
重量	4.1千克	有效射程	100米

UD M42冲锋枪是美国在二战中使用的冲锋枪之一，在1942～1943年间投入生产，产量较低。

研发与生产

UD M42冲锋枪由美国高标准（High Standard）公司的创始人——卡尔·斯维比勒斯（Carl Swebilius）在二战爆发前几年设计，1940年10月15日以高标准公司的名义获得专利。该枪最初命名为UD M41，1942年投入生产时定型为UD M42，枪身上刻有铭文“UD M42”。UD M42冲锋枪的产量很少，大约只生产了15000支，全部由美国马林火器公司（Marlin Firearms Company）为美国联合防卫武器供应公司（United Defense Supply Company）生产，UD M42的“UD”就取自后者名称前两个词的首字母。该枪原计划替代汤普森冲锋枪，但由于M3冲锋枪的出现，这一计划未能实现。

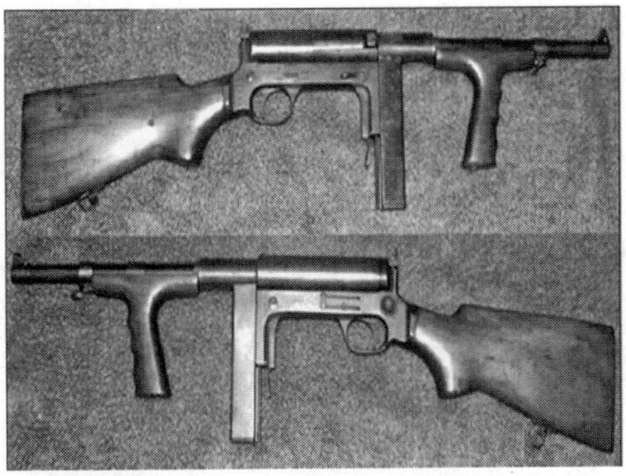

UD M42冲锋枪两侧视角

构造与原理

UD M42冲锋枪有样枪型和生产型两种型号。样枪型为11.43毫米口径，发射使用11.43毫米柯尔特自动手枪弹。这种型号完全是为替换美军当时装备的汤普森冲锋枪而准备参加竞选的，由于M3冲锋枪的出现和汤普森冲锋枪改进型的采用，使其在试验中途就被放弃了。

UD M42冲锋枪的生产型为9毫米口径，发射使用9毫米巴拉贝鲁姆（Parabellum）手枪弹。自动方式为自由枪机式，开膛击发，发射方式为单、连发。采用缩小型的汤普森冲锋枪20发弹匣，并将两个弹匣背靠背地焊在一起，形成一个40发弹匣，但只能将第一弹匣打空后，翻转过来，再插上第二弹匣才能射击。UD M42冲锋枪的拉机柄很有特色，它采用分离式拉机柄，即拉机柄与枪机框不固定，当枪发射后，拉机柄处于静止状态。UD M42冲锋枪使用运动步枪枪托，装有前握把，快慢机在机匣右侧。

拆解后的UD M42冲锋枪

性能与维护

UD M42冲锋枪是机加工制成，没有冲压件，加工精良，机构动作可靠，射击精度比较好，便于操作。尽管其制造成本较高，生产量不大，但也称得上二战中性能较好的冲锋枪之一。

装备与服役

UD M42冲锋枪的主要用户为美军战略情报局（OSS），这是一个指挥游击战、实施潜入作战的机构，并拥有一支秘密作战部队。该部队曾潜入德国和日本军队占领区，在同盟国军队反攻前提供情报，为成功地指挥作战发挥了巨大作用。除此之外，意大利、荷兰、捷克斯洛伐克和菲律宾等国的军队也在二战期间或战后使用过这种冲锋枪。

欧文冲锋枪

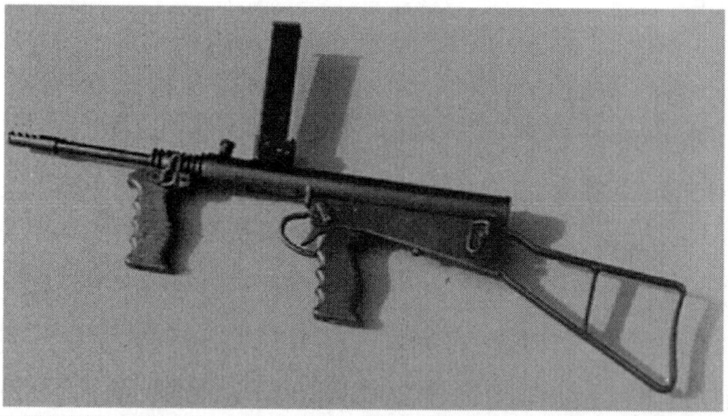

口径	9毫米	弹容量	32、33发
全长	806毫米	枪口初速	420米/秒
枪管长	247毫米	最大射程	200米
重量	4.21千克	有效射程	123米

欧文冲锋枪（Owen Machine Carbine）是1939年澳大利亚研制的首支冲锋枪，美国曾于二战后期大量订购该枪。

研发与生产

欧文枪发明者伊夫林•欧文24岁时向澳大利亚陆军军械官员展示自己所设计的“卡宾机枪”原型枪，但当时的澳大利亚陆军并没有意识到冲锋枪的价值所以拒绝了他。1940年，欧文的邻居坎布拉港的大型钢制品厂莱萨特

⬆ 欧文枪圣诞游行

公司的经理文森特·沃德尔无意间发现了欧文放置的欧文枪的原型枪，于是安排欧文转调到陆军发明部继续枪支的设计研究。

在欧文枪的寿命期间，其可靠性在澳大利亚部队中赢得了“军人的至爱”（Digger's Darling）的绰号，亦有人传言它曾受到美军的高度青睐。

构造与原理

欧文枪使用直接反冲作用、开放式枪机，可选择半自动或全自动射击。固定式击针是枪机面的整体部分，它有肩射和腰射两种发射模式。欧文枪的觇孔很大，偏右的位置在瞄准时不方便，所以多数人都是用腰射姿势。据说为了利用地心引力协助弹匣弹簧推动子弹到后膛进行装填，从而提高供弹的可靠性和防沙效果，所以弹匣位置采用从上往下的供弹设计。机匣内部采用独立式隔室，通过机匣中部装有一个厚度约1/2英寸（12.7毫米）的金属环形隔板与小直径枪机的拉机柄分隔开来。前室容纳枪机和复进簧，复进簧导杆穿过金属环中央的孔，在后室与拉机柄连接在一起，拉机柄槽则在机匣后部，这样枪机在机匣内的活动范围就被密封，可防灰尘或泥浆等污物渗透进去。

⬆ 士兵对欧文冲锋枪进行试射

性能与维护

欧文冲锋枪因为采用非常规的外观而很容易辨认，它使用了装在管状机匣顶部的33发双排弹匣，以及向右偏置的觇孔式照门和片状准星瞄准具，此瞄准具不可调整，瞄具装定射程约91.44米。欧文枪具有非折叠式金属枪托，但也具有手枪握把，更装有全自动射击时更容易控制的前握把。

为了便于清洗，欧文枪的抛壳挺相当独特，是安装在弹匣背面的一个突齿，而非枪内的一部分，把抛壳挺作为弹匣的一个零件，损坏以后更换一个新的即可，避免了很多维修的麻烦。这也使得拉起枪身的弹匣壳体前面的一个弹簧支撑式柱塞以后就可把枪管迅速地拆卸下来，取出枪管之后，枪机和复进簧就可以向着枪口的方向拆卸下来，以完全分解该枪。

装备与服役

手持欧文冲锋枪的士兵

欧文枪的生产与使用中途可谓是非常坎坷。1942年，欧文枪正式生产，高峰期时，周量产可高达800支，1942年3月到1943年2月，欧文枪生产量达到28000支，但是最初的一批弹药类型是错的，导致近10000支欧文枪无法提供弹药。二战中，欧文枪表现出很高的水平，澳大利亚步兵组的侦察兵在战争中尤其表现出对欧文枪的依赖。因为其可靠性，欧文枪在士兵当中变得非常流行，同时也被新西兰、英国和美国订购。直到20世纪60年代中期，欧文枪才逐渐被F1冲锋枪取代。

2.4 霰弹枪

温彻斯特M1897霰弹枪

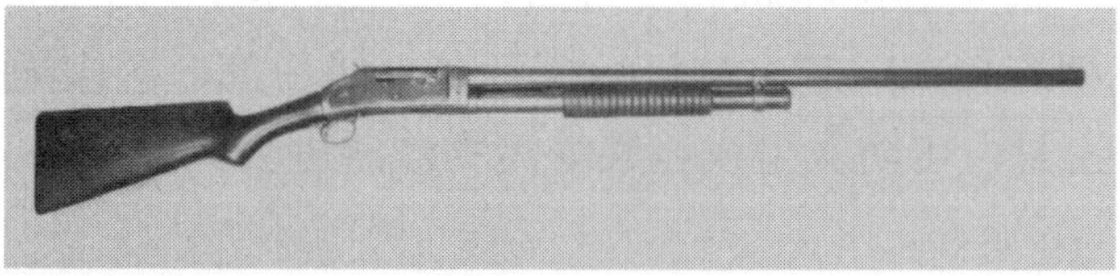

口径	18.53毫米	重量	3.6千克
全长	1000毫米	弹容量	6发
枪管长	510毫米	有效射程	20米

温彻斯特M1897霰弹枪是由美国著名枪械设计师约翰·勃朗宁设计、美国温彻斯特连发武器公司生产的外露击锤式泵动霰弹枪，也是世界上第一支真正成功生产的泵动霰弹枪。

研发与生产

温彻斯特M1897霰弹枪是约翰·勃朗宁在温彻斯特M1893霰弹枪的基础

上改进而来的泵动式霰弹枪，1897年11月开始上市出售。最初只有12号口径，1900年2月新增了16号口径的型号。从1897年到1957年，温彻斯特M1897霰弹枪的总生产量超过100万支，被美国军队、执法机关和猎人广泛采用。同时，该枪也确立了泵动式霰弹枪的性能标准，并且是泵动式霰弹枪在后世得以大规模普及的起点。时至今日，仍有一部分温彻斯特M1897霰弹枪能够正常使用。

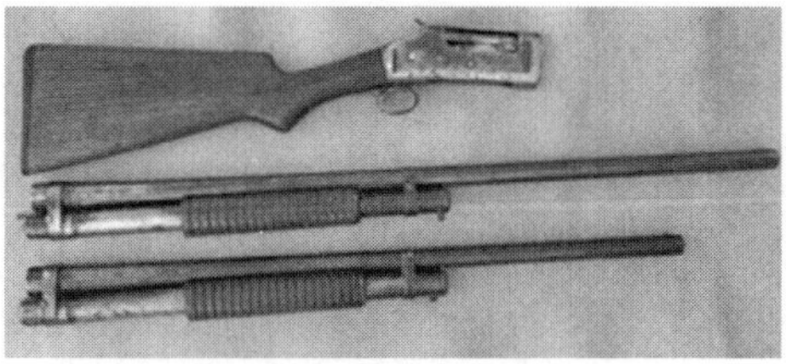
温彻斯特M1897霰弹枪分离图

构造与原理

温彻斯特M1897霰弹枪和其前身温彻斯特M1893霰弹枪的设计几乎是相同的，但温彻斯特M1897霰弹枪可以发射使用无烟火药的霰弹，装有更厚重而被强化的机匣，管式弹仓被延长，而且取消了开放式机匣顶部设计并改为封闭式设计，以提高强度以及有效地减少异物进入机匣内部，这些设计在当时来说都是不常见的。在1897年还推出了可拆式设计，把枪管改为可拆式。一般而言，温彻斯特M1897霰弹枪的管式弹仓可以装填5发霰弹，如果包括1发装填在膛室内的霰弹的话，总共可以装填6发霰弹。

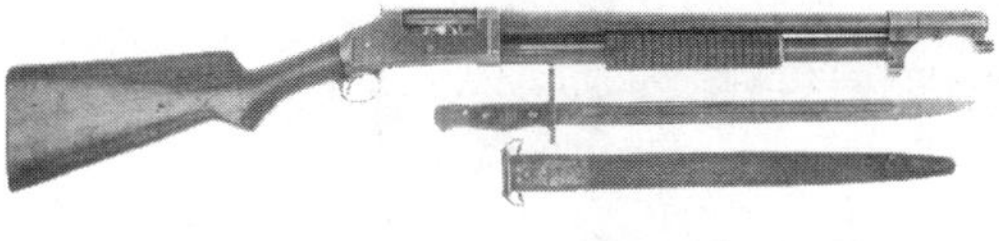
温彻斯特M1897霰弹枪及其刺刀

性能与维护

与大多数现代泵动式霰弹枪相反，温彻斯特M1897霰弹枪在每次发射的时候枪机会和扳机组件一起自动闭锁（也就是说，它没有扳机切断装置），这使其成为一种非常有效的近战武器。因为温彻斯特M1897霰弹枪所造成的极大破坏和惊心动魄，令德国政府在1918年9月提出抗议，要求美国将温彻斯特M1897霰弹枪在战场上取缔，但该抗议完全无效。同期出现的德国冲锋枪在火力上也被温彻斯特M1897霰弹枪所压制，结果冲锋枪在战略上的优势仍未完全显露时，一战便已经结束了。这导致冲锋枪没有在一战战场上对当时步兵的作战方式产生全面性影响。

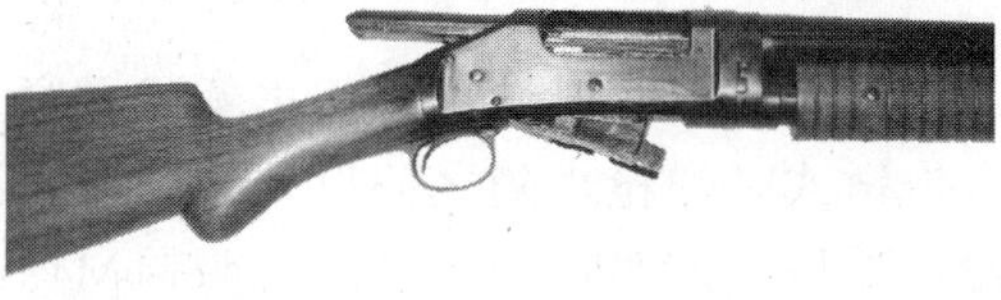
温彻斯特M1897霰弹枪枪机部位特写

装备与服役

在1899年的美菲战争中，美国陆军就已经采用温彻斯特M1897霰弹枪对抗摩洛族人，并从战争中获得了宝贵的近距离作战经验。一战爆发后，温彻斯特M1897霰弹枪的销售量进一步上升。美国军队在一战中使用了短管版的温彻斯特M1897霰弹枪，并且把它称为“战斗散弹枪”“战壕散弹枪”或“防暴枪”。到了二战期间，温彻斯特M1897霰弹枪只是有限量地分配到美国陆军和美国海军陆战队，因为当时内置式击锤的温彻斯特M1912霰弹枪已经在很大程度上把温彻斯特M1897霰弹枪的军用型版本取代了。

使用温彻斯特M1897霰弹枪的美军士兵

温彻斯特M1912霰弹枪

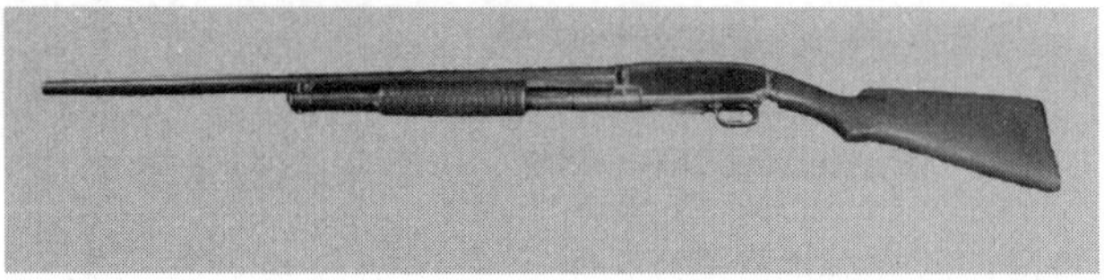

口径	18.53毫米	重量	3.6千克
全长	1003毫米	弹容量	6发
枪管长	510毫米	有效射程	50米

温彻斯特M1912（Winchester Model 1912）是美国温彻斯特连发武器公司研发的一种泵动式、内置式击锤设计及外部管式弹仓供弹的霰弹枪。它是美军在二战时期装备并使用的主要霰弹枪之一。

研发与生产

在温彻斯特M1897外露击锤式霰弹枪成功装备美军后不久，新型的内置击锤式霰弹枪也随之问世。萨维奇武器公司首先推出萨维奇M1904霰弹枪，随后，雷明顿公司推出雷明顿M1908霰弹枪。这样的局面让温彻斯特连发武器公司的高层感受到了竞争压力，公司首席设计师托马斯·克罗斯利·约翰逊决定迎合霰弹枪潮流，设计一款能够超过以往霰弹枪的新型温彻斯特内置击锤式霰弹枪。他吸取温彻斯特M1897霰弹枪上的一些成熟技术，很快研发出了一款内置击锤式霰弹枪。因为新枪在1912年完成设计，所以被命名为温彻斯特M1912霰弹枪。该枪直到停产共生产了多达100种的不同型号，总产量达到200多万支，既面向军警用市场，也面向民用狩猎市场。

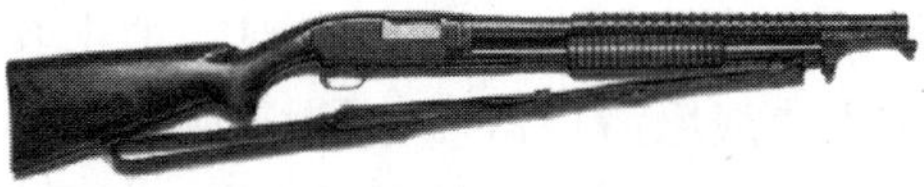

温彻斯特M1912霰弹枪

构造与原理

温彻斯特M1912霰弹枪开创了现代霰弹枪的历史，除内置式击锤外，其流线形机匣、模块化发射机组件等设计方式一直被现代霰弹枪所沿用。该枪共有12号、16号、20号、28号与410号共5种不同口径，枪管共有4种不同的长度，分别为760毫米、710毫米、660毫米与510毫米。其中前三种枪管长度均用于狩猎型，最后一款用于军用型。枪管口部上方均带有柱状准星。枪管为钢制或不锈钢制滑膛枪管，枪管表面经过发蓝处理，也有采用高级的镀镍处理的。枪管上带有温彻斯特连发武器公司的商标与口径的铭文。狩猎型号的枪管上带有瞄准肋条，用于辅助瞄准。后期也出现了一种类似消焰器的枪口装置。

温彻斯特M1912霰弹枪的机匣为流线形设计，后来的霰弹枪多沿用这一设计。机匣为钢制，锻造加工，十分结实可靠。机匣顶部设有一条凹槽，其上刻有防反光纹，凹槽可充当照门。机匣右侧设有一个长约62毫米的抛壳窗。枪机两侧均带有抽壳钩，增加了抽壳的可靠性。该枪的护手均为木质，上面加工有18条纵向防滑纹，且前后带有金属护板。护手通过连杆与枪机相连。与现代霰弹枪不同的是，与护手相连的连杆只有一个，设置于护手左侧。温彻斯特M1912霰弹枪可以分解成两大组件，即枪托/机匣组件和枪管/弹仓组件。民用型分解后可以装入一个特制的皮箱内，军用型分解后一般装入一个布枪袋中。

温彻斯特M1912霰弹枪近距离特写

性能与维护

温彻斯特M1912霰弹枪在生产初期就装备了美国军队。在一战期间的战壕战中凭借出色的性能表现，被士兵亲切地称为“战壕清扫器”。因为霰弹枪在堑壕内这种近距离上的杀伤作用巨大，更重要的是，该枪与大多数现代霰弹枪相反，取消了单发杆，因此它还有一个特别的使用方法，即只要扣住扳机不放，并且连续拉动前护手就可以实施连发，可在短时间内对敌形成压制作用。而对德军来讲，如果不幸遇到使用温彻斯特M1912霰弹枪的美国士兵简直就是一场噩梦。不过，这种设计的缺点是很容易损害枪械的结构，并且导致各种故障。

↑ 使用温彻斯特M1912霰弹枪作战的美军士兵

装备与服役

美国军队曾经在一战、二战以及二战后的多场局部战争中使用过各种版本的温彻斯特M1912霰弹枪，直到它在1963年从原厂停止生产以后一直使用到存货全部耗尽。1919年，各种版本的温彻斯特M1912霰弹枪被分类并且重新命名为M12或M12缩短型。

二战时期，美国海军陆战队、陆军航空部队和海军购买了超过8万支温彻斯特M1912霰弹枪，主要使用在太平洋战区。温彻斯特M1912霰弹枪的“防暴枪”版本，并没有枪管隔热罩和刺刀座，被美国陆军购买后，用于防卫用途和保障基地内空军战斗机停泊时，对抗从事破坏活动的敌军。美国海军同样有购买和使用防暴枪版本，在外国的港口时用于保护海军船只和人员。而美国海军陆战队使用的战壕枪版本则保留了枪管隔热罩和刺刀座，并在攻击日本占领的太平洋岛屿期间取得了巨大的成功。

↑ 手持温彻斯特M1912霰弹枪的美军士兵

勃朗宁Auto-5霰弹枪

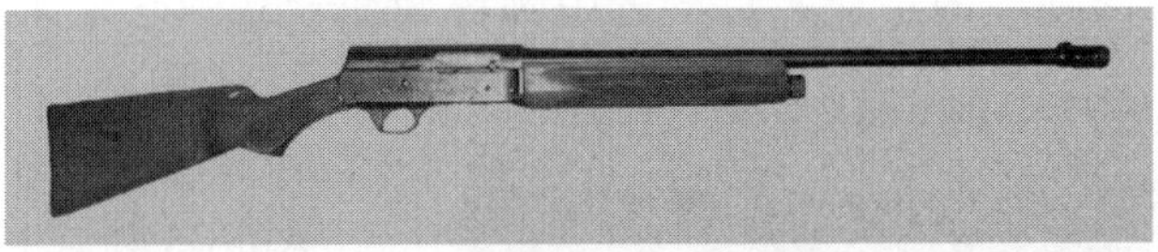

口径	18.53毫米	重量	4.1千克
全长	1270毫米	弹容量	5发
枪管长	711毫米	有效射程	40米

勃朗宁Auto-5（Browning Automatic 5，意为勃朗宁5发霰弹枪）是由美国著名轻兵器设计家约翰·勃朗宁设计、后坐作用操作的半自动霰弹枪，可发射12号口径霰弹、16号口径霰弹或20号口径霰弹。

⊙ 勃朗宁Auto-5机匣特写

研发与生产

Auto-5霰弹枪是历史上第一种大规模生产的半自动霰弹枪，由约翰·勃朗宁在1898年设计完成并在1900年取得专利权。该枪1902年开始大规模生产，先后由数间枪械制造商生产，直到1998年才停止生产，生产时间接近1个世纪，总产量超过300万支。

勃朗宁最初准备将Auto-5霰弹枪的生产权卖给温彻斯特连发武器公司，但后者拒绝了他的条件，并想一次性买下其专利，这样的分歧使勃朗宁无法与温彻斯特达成协议。1902年1月，勃朗宁来到雷明顿公司并且洽谈相关事宜，由于雷明顿公司总裁哈特利突然死于心脏麻痹，合作协议再一次无法达成。这时，勃朗宁想到了正在与其合作生产手枪的比利时国营赫斯塔尔公司（FN公司），后者对Auto-5霰弹枪的设计很感兴趣，同意只获授权特许生产，并于1902年3月24日与勃朗宁签订了生产合同，不久后便正式开始生产。1905年，雷明顿公司在买下生产权以后也开始生产Auto-5霰弹枪，并且重新命名为雷明顿11。后来也有其他枪械制造商取得特许生产，包括美国萨维奇轻武器公司和意大利路易吉·弗兰基公司等。

构造与原理

Auto-5霰弹枪采用了当时很罕见的枪管长行程后坐作用式自动原理，并有一种独特的高尾部设计，使其赢得了“驼背”（Humpback）的绰号。

Auto-5霰弹枪有508毫米、660.4毫米、711.2毫米和812.8毫米4种枪管长度，可根据需要换装。枪管前方设有一个圆柱形准星，枪管下方设有一个圆环，管式弹仓套在该圆环内。射击过程之中圆环会在管式弹仓上来回滑动，压缩套在管式弹仓上的枪管复进簧，并且完成机构动作。

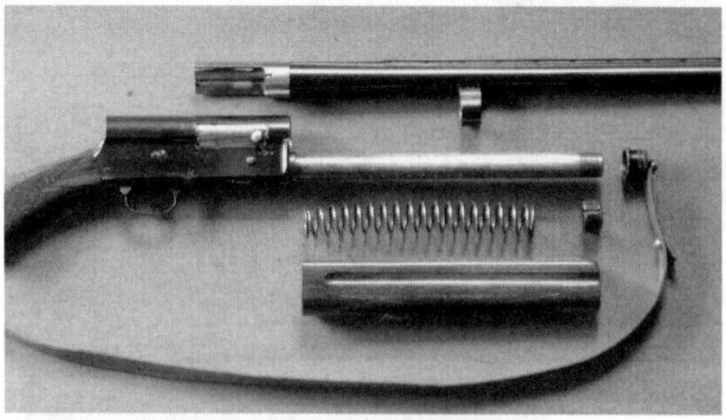
↑简单拆解后的勃朗宁Auto-5霰弹枪

Auto-5霰弹枪拥有非常结实的木制枪托，而且在握持部分刻有防滑纹。早期型的枪托后部是金属底板，上面刻有生产商的商标或是图案；后期型开始安装各式各样不同类型的橡胶缓冲垫。

装备与服役

尽管Auto-5霰弹枪的主要设计目的为运动用途，但推出以后不久也因其高性能而被军队和警察部门所注意。比利时警察采用了FN公司生产的Auto-5霰弹枪，而英国军队也装备了Auto-5霰弹枪并且将其命名为L32A1霰弹枪。而在美国，各州执法机关都采用了雷明顿11霰弹枪并且用作防暴用途；美国特工处也装备了雷明顿11霰弹枪并且用作保护官员用途；美国军队大量采购了雷明顿11霰弹枪，枪身都打上了“US”的标志。美军使用的雷明顿11霰弹枪为508 毫米枪管长度型号，并且从一战之前开始装备。在二战期间，美国陆军和其他国家的军队都大量使用雷明顿公司生产的霰弹枪，包括雷明顿11霰弹枪。直到越战时期，美军仍在使用雷明顿11霰弹枪。

伊萨卡M37霰弹枪

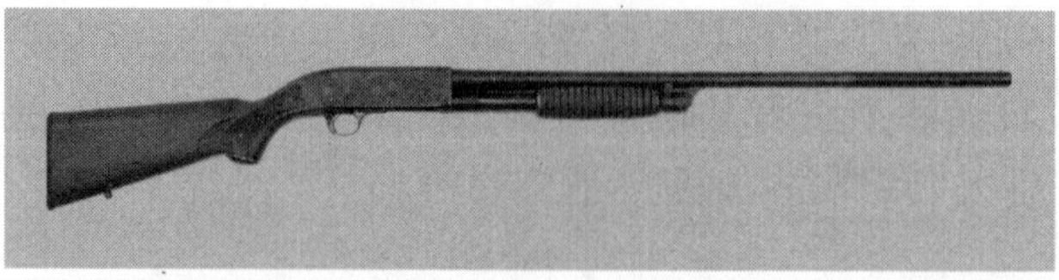

口径	18.53毫米	重量	2.3千克
全长	1006毫米	弹容量	9发
枪管长	760毫米	有效射程	50米

伊萨卡M37（Ithaca 37）霰弹枪是由位于美国纽约州伊萨卡市的伊萨卡枪械公司研制的泵动式霰弹枪，在民用、军用及警用市场均很普及。

伊萨卡M37霰弹枪枪头特写

研发与生产

伊萨卡枪械公司于1883年在纽约创立，一开始生产双筒猎枪。到了1914年，伊萨卡公司管理层意识到公众对连发霰弹枪的需求日益增长，将严重威胁到他们的双筒猎枪业务。因此，伊萨卡公司的拥有者之一克劳德·史密斯便前往俄亥俄州托莱多市，向即将歇业的联合军火公司购买了一项名为“泵动枪的连发武器”的专利，采购协议还包括了生产设备、工装及该公司设计的60型连发霰弹枪。奇怪的是，伊萨卡公司从未产生过基于此专利的任何产品。

一战后，伊萨卡公司没有开展任何生产连发霰弹枪的工作。直到1930年，伊萨卡公司再次启动进入泵动枪市场的计划。1930年5月27日，伊萨卡公司管理层要求他们的专利律师西奥多·科比对温彻斯特M1912霰弹枪和雷明顿M17霰弹枪进行专利调查，最终选中了20号口径的雷明顿M17霰弹枪作为未来的伊萨卡公司产品，因为该枪上所使用的约翰·勃朗宁的专利将在1932年6月到期。在做出决定后，伊萨卡公司立即开始了设计工作，新枪被命名为伊萨卡M33，并且准备在1933年投放市场。但之后由于涉及一些意外的专利纠纷，伊萨卡公司不得不终止了伊萨卡M33的生产准备工作。直到1937年相关专利到期后，伊萨卡公司才再次启动生产计划，不过此时新枪被重新定型为伊萨卡M37。1937年4月，伊萨卡M37开始投放市场，1938年推出了16号口径型，一年后又推出了更轻的20号口径型。

伊萨卡M37霰弹枪及其弹药

构造与原理

伊萨卡M37霰弹枪需要通过底部的一体化装填/抛壳口，将每发口径适当的霰弹装填及向前推进管式弹仓内，直到管式弹仓已经装满霰弹。将可前后滑动的前护木向后拉动，并使与前护木联动的枪机完全退后，然后向前推动前护木。扣动扳机使该枪射击，并向后滑动其前护木（枪机）以重新上膛。在大多数的衍生型号中，只要扣住扳机不放并且前后拉动及推动其前护木，就会使新一发霰弹在射击循环的上膛的瞬间发射；连续前后滑动护木的话，就可以不断地发射霰弹，可在短时间内对敌方形成压制作用。

装备与服役

1940年，美国国防部向伊萨卡公司订购了1420支伊萨卡M37堑壕枪（Trench gun），其特点是枪管长度缩短至508毫米，表面磷化处理，并装有枪管隔热罩和刺刀座，配上M1917刺刀。1942年，伊萨卡公司又生产了伊萨卡M37防暴枪，也被国防部采购了很少的数量，防暴型与堑壕型相比只是没有安装枪管隔热罩和刺刀座，其他特征都一样。这些堑壕枪和防暴枪有少部分用在了太平洋战场上，大部分用于本土的基地警卫。所以在整个二战期间，伊萨卡M37的生产数量不多。

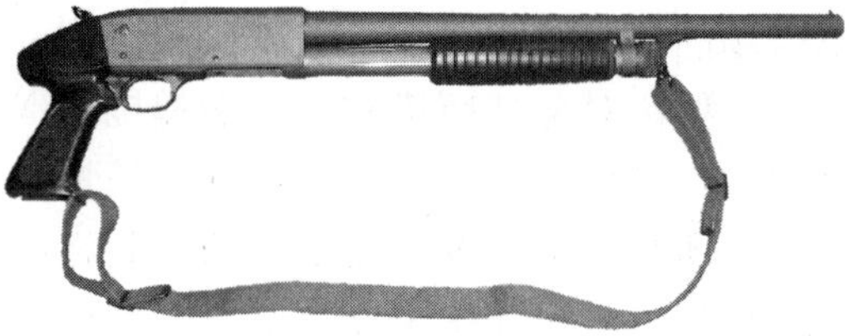
伊萨卡M37霰弹枪

除美国军队以外，伊萨卡M37霰弹枪最大的单一用户就是洛杉矶警察局。除了洛杉矶警察局，许多其他机构或组织，包括军队、警察、安全机构和监狱都有使用。伊萨卡M37霰弹枪也是民间运动和个人保护武器的普遍选择。

雷明顿M31霰弹枪

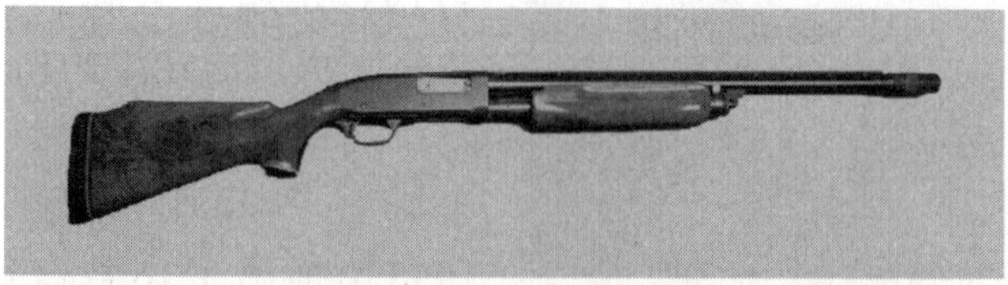

口径	18.53毫米	弹容量	6发
全长	1000毫米	重量	3.5千克
枪管长	500毫米	有效射程	30米

雷明顿M31霰弹枪是美国雷明顿公司研制的泵动式霰弹枪，1931年设计定型并开始批量生产。

雷明顿公司自1816年创立以来，一直是非常成功的武器制造公司，其早期在左轮手枪领域、后膛单发步枪领域均取得了很大成功。自从泵动式霰弹枪诞生以后，雷明顿公司倾力研制，于1910年推出了雷明顿M10泵动式霰弹枪。该枪虽然成功被美国军方采用，但采购数量很少。随后，雷明顿公司陆续推出了雷明顿M17泵动式霰弹枪、雷明顿M29泵动式霰弹枪、雷明顿M31泵动式霰弹枪。其中，雷明顿M31霰弹枪从1931年开始生产直到1949年，总产量约19.6万支，在二战期间被美军大量使用。

1941年8月7日，美国军工部将4种民用霰弹枪列为军用型号，包括雷明顿M31霰弹枪、温彻斯特M1912霰弹枪、伊萨卡M37霰弹枪和斯蒂文斯M620霰弹枪。这些霰弹枪均为长枪管的民用霰弹枪，可直接用作军队里的射击运动和训练。缩短枪管，装上背带和刺刀附件，便可作军用。1944年5月，美军对9种霰弹枪进行对比测试，其中温彻斯特M1912霰弹枪和雷明顿M31霰弹枪在性能上要大大优于其他型号。

⊕ 雷明顿M31霰弹枪细节图

2.5 手 枪

M1903半自动手枪

口径	9毫米	弹容量	7发
全长	205毫米	重量	0.93千克
枪管长	127毫米	枪口初速	318米/秒

M1903手枪是约翰·勃朗宁于20世纪初研制的半自动手枪，发射9×20毫米SR Browning Long弹药（勃朗宁长弹药）。

研发与生产

19世纪末，约翰·勃朗宁研制了M1900半自动手枪，由FN公司生产。这是FN公司早期大规模生产的第一种约翰·勃朗宁自动手枪，采用传统的自由枪机式工作原理，与众不同是复进簧装在枪管上方的管子里。时隔不久，约翰·勃朗宁又在M1900半自动手枪的基础上研制了一款新的半自动手枪，1902年完成设计，1903年由FN公司及美国柯尔特公司正式生产，并正式命名为M1903半自动手枪。该枪在1903～1939年间生产，总产量超过15万支。

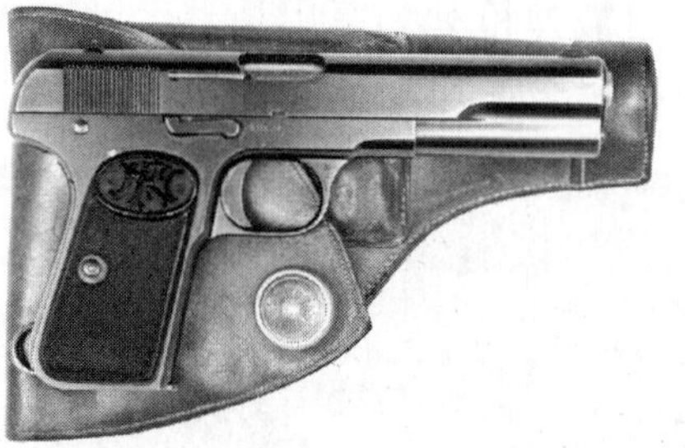

M1903半自动手枪及其枪套

构造与原理

M1903半自动手枪采用后坐作用原理、单动扳机，复进弹簧在枪管底部，手动保险制位于机匣左面，打开保险时会强制锁死滑架，军用版本的握把底部更附有枪带环。

M1903半自动手枪左侧视角

装备与服役

以当时的标准来看，M1903半自动手枪具备可靠性强、准确度高、重量轻及装填迅速等优点，推出后便成为当时世界上最广泛的半自动手枪，成为瑞典、土耳其、爱沙尼亚、巴拉圭、荷兰、比利时等国军队或警队的制式手枪。美国军队在一战、二战期间都曾使用M1903半自动手枪，主要作为将官的自卫武器。M1903半自动手枪的设计还影响世界各国其后推出的手枪，包括M1911、TT-30/33、马卡洛夫手枪等。

M1903半自动手枪斜上方视角

M1911半自动手枪

口径	11.43毫米	弹容量	8发
全长	210毫米	重量	1.105千克
枪管长	127毫米	枪口初速	251.46米/秒

M1911手枪是约翰·勃朗宁研制的11.43毫米口径半自动手枪，1911年被美军采纳为制式手枪并持续到1985年。

研发与生产

M1911半自动手枪的研发最早可以追溯到1890年，当时美军希望装备一种半自动手枪来取代种类繁多的左轮手枪，并在1899年末到1900年初举行了半自动手枪评选。1904年，汤普森·拉格特手枪子弹威力测试后，约翰·汤普森上校认为新的制式手枪口径不应小于0.45英寸（11.43毫米），并最好采用半自动运作。1906年，6家生产商参加美军制式手枪评选，在进行多次测试和不断改进之后，柯尔特参选手枪于1911年3月29日正式成为美国陆军的制式手枪，并被命名为M1911半自动手枪。同年，M1911半自动手枪开始批量生产，其改进型M1911A1在1926年正式服役。时至今日，M1911半自动手枪的总产量已经超过270万支。除美国外，英国、挪威、希腊等国也曾使用M1911半自动手枪，而且还有多个国家进行过仿制。

⊕ M1911半自动手枪左侧视角

构造与原理

M1911半自动手枪采用了双重保险，大大增强了安全性，不容易出现走火等事故。其保险装置包括手动保险和握把式保险。手动保险在枪身的左侧，在保险状态时，击锤和阻铁都会被锁紧，且套筒不能复进。而握把式保险则需要用掌心保持一定的按压力度才能让手枪进入战斗状态，在松开保险后手枪无法射击。这种设计使得安全性极高。

拆解后的M1911半自动手枪

M1911半自动手枪的操作原理为：击针撞击底火引燃发射药，火药气体在将弹头推出枪管的同时，手枪枪管和套筒也因后坐力而后退，枪管尾端以铰链为轴朝下方摆动，套筒内的闭锁凹槽和枪管尾端的凸筋分离，弹壳退出枪膛，然后退子钩将弹壳弹出，退到最后的套筒在弹簧力的作用下复位并将弹夹内最上面的一颗子弹上膛。

M1911半自动手枪各部位（瞄准具、扳机、弹匣口）特写

性能与维护

M1911半自动手枪的结构非常简单，零件数量较少，容易拆解和组装，大大方便了后期维护和保养。其11.43毫米的大口径也具有很强的停止作用，能够确保在有效射程内被击中的敌人快速失去战斗能力。虽然M1911半自动手枪在总体上非常符合战斗手枪的标准，但是也有弹匣容量低的缺点，弹容量为7发，加上枪膛内的1发子弹，一共有8发。此外，该枪的后坐力偏大，影响射击精度，而且重量和体积也稍大了一些。

装备与服役

M1911半自动手枪在1911年成为美国陆军的制式手枪之后，1913年又被美国海军和海军陆战队选为制式手枪。在一战开始前，柯尔特公司已经进行大量生产以达到美军的要求，春田兵工厂也有参与生产。相比起一战，美军在二战时对M1911半自动手枪的需求量更大，当时的美国政府共购买了约190万支以装备所有美军部队，并增加了承包商来提高生产力，包括雷明顿、柯尔特、伊萨卡、联合号志公司、胜家、春田兵工厂、岩岛兵工厂等都曾进行大规模生产。二战结束后，美国政府停止订购新的M1911半自动手枪，只是不断地翻新原有的手枪，而M1911半自动手枪也成为美国军人最喜爱的手枪。

“解放者”手枪

口径	11.43毫米	弹容量	单发
全长	141毫米	枪口初速	250米/秒
重量	0.45千克	有效射程	7.3米

“解放者”手枪是一种美国战略情报局在二战中专供抵抗组织使用的单发手枪，在美军文件中称为.45口径信号枪（Flare Projector Caliber.45）。

研发与生产

研制这种手枪的概念起初是1942年3月由波兰军事附属机构提出的。为了在敌人的占领区激起广泛的抵抗活动，美国陆军在1942年秘密研制了这种被称为FP-45的所谓的“信号枪”，然后交由位于俄亥俄州代顿的通用汽车大陆制造分公司生产。

构造与原理

“解放者”手枪在装填时要用手把滑动后膛打开，把子弹塞进去后再合上，还要用手把击锤扳到待发状态才能扣支扳机击发。每次发射后，都要打开后膛，然后用纸盒内附带的小木棍把空弹壳顶出枪管。握把里面是空的，底板可以滑动，在握把里面存放着额外的弹药。

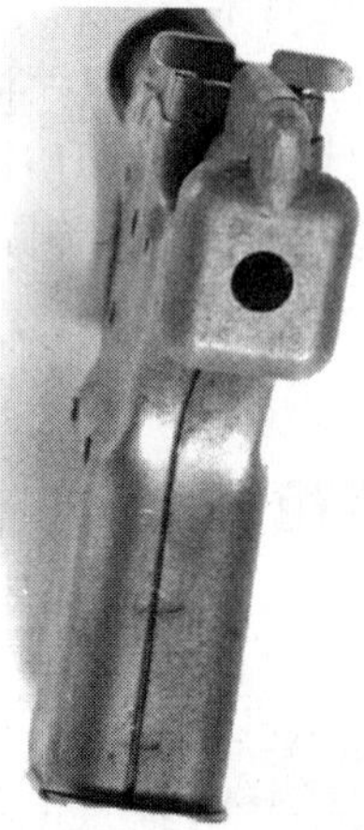

↑“解放者”手枪后视图

↑“解放者”手枪前视图

性能与维护

“解放者”手枪的枪管制造得非常粗糙，也没有膛线，因此精度非常差，再加上每次只能打一发，因此并不适合在作战时使用，往往是在敌人落单的时候打冷枪的时候使用，但是使用者必须和敌人非常近，否则子弹可能“打飞”。

装备与服役

每一把“解放者”手枪连同10发.45 ACP弹和一根小木棍被装在一个涂了石蜡的厚纸板盒内，然后使用运输机飞往敌占区散发，捡到它的人只要拆开纸盒就可以看到一把“解放者”手枪和一组绘画说明书。这种手枪仅提供给盟国的游击队用以偷袭敌军，主要的用途是用来抢夺敌人的武器弹药，集中起来武装和壮大抵抗游击队，到目前为止并没有任何证据表明它使用于敌军身上。

二战结束后，大批“解放者”手枪被美国回收和销毁，现在已经非常难找到它的收藏品了。

“解放者”手枪及弹药

OSS高标无声手枪

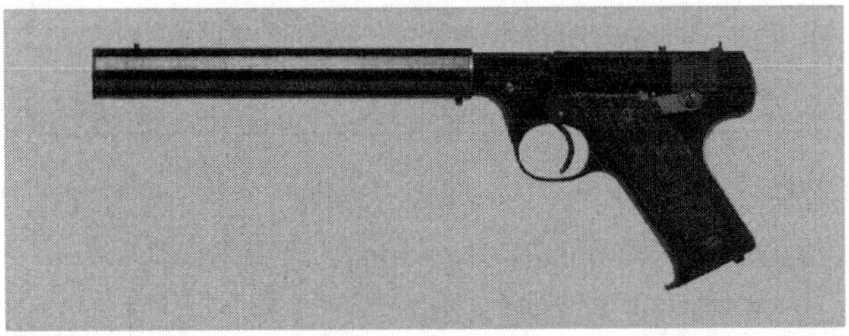

口径	5.6毫米	弹容量	10发
全长	350毫米	有效射程	15米
枪管长	171毫米	重量	1.36千克

OSS高标无声手枪是美国战略情报局（OSS）在二战期间主持研制的特殊武器之一。在任何秘密行动中，无声枪都可能被列为首选装备。

OSS无声手枪基本上就是在高标HDM型手枪基础上安装消声器组合而成，这是一种自由后坐式自动原理手枪。该枪的组成部分包括握把和枪管固定座在内的套筒座，这是机加工生产的，套筒导轨加工在枪管固定座后面，枪管用销子固定在套筒座上，套筒在枪管后面，内含击针、拉壳钩和复进簧组件。击发机构包括扳机、扳机连杆、扳机簧、外露击锤、击锤簧和压簧杆等。该枪配用10发单排可卸弹匣，弹匣解脱钮位于握把侧面，在扳机护圈根部，手动保险位于底把左侧，可通过拇指操纵，准星则安装在消声器上。套筒后上方有缺口式照门，可调节风偏。

不过如今真正的原装OSS无声手枪已经很少见了，私人收藏的也是非常罕有。有轻武器公司仿制出和当年几乎完全相同的OSS高标无声手枪，以供轻武器收藏家或军事历史爱好者购买，这种山寨OSS无声手枪甚至比当年的真品还要轻巧一些。

柯尔特“新服务”左轮手枪

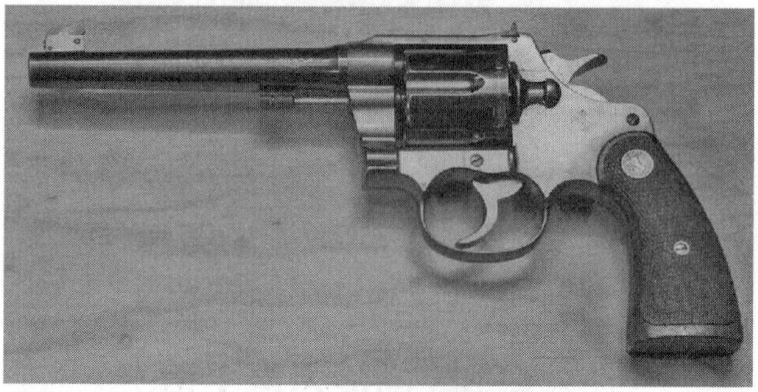

口径	11.48毫米	弹容量	6发
枪机	双动式枪机	制造数量	356000支以上
子弹	.45柯尔特子弹	生产商	柯尔特公司

柯尔特“新服务”是由柯尔特公司从1898～1941年生产的双动式左轮手枪，是迄今为止由柯尔特制造的最大的左轮手枪。

1899年，加拿大收购大量柯尔特“新服务”左轮手枪用于布尔战争。1904年又用“新服务”左轮手枪取代了恩菲尔德Mk Ⅱ左轮手枪。除了加拿大外，英国和美国也是使用“新服务”左轮手枪的国家之一，英国还在“新服务”左轮手枪的枪体上盖上了“新服务.455 ELEY”的标志，用于区分它和美国、加拿大使用的.45口径的版本。一战期间，英国和加拿大拥有6万支柯尔特“新服务”左轮手枪，并且在二战结束之前，该枪还在为美国军方服务。

柯尔特“新服务”左轮手枪及弹药

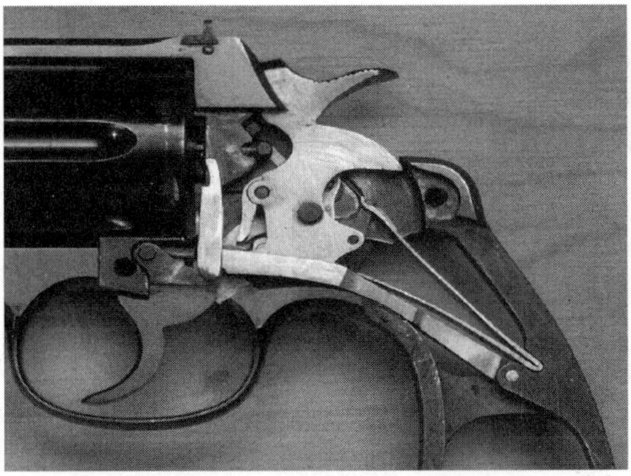

柯尔特“新服务”左轮手枪后膛

M1917左轮手枪

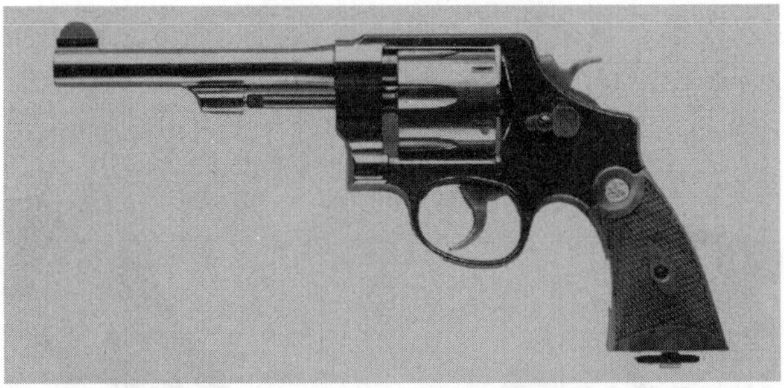

口径	11.43毫米	弹容量	6发
全长	270毫米	重量	1.1千克
枪管长	140毫米	枪口初速	232米/秒

M1917左轮手枪是美国研制的六发式左轮手枪，主要发射.45 ACP口径手枪子弹。它在一战期间被美国陆军所采用，以填补制式的M1911半自动手枪的空缺。

研发与生产

M1917左轮手枪的诞生具有一定的历史原因。美国军队在此之前使用的是9毫米口径左轮手枪，在威力方面不尽如人意，而美国军方也见识到了11.43毫米口径枪弹的威力。因此，美国柯尔特公司于1909年推出了11.43毫米的新型军用左轮手枪，即M1909左轮手枪。1917年，根据战争的需要，

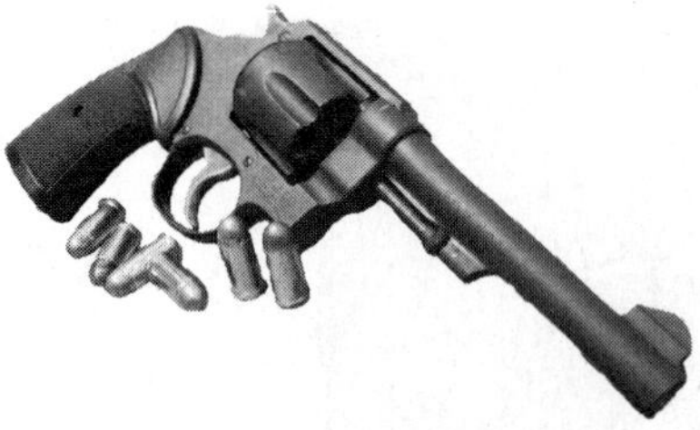
Ⓘ M1917 左轮手枪及其弹药

柯尔特公司又对M1909左轮手枪进行改进加工，进而发展出M1917型并开始批量生产。尽管当时美军已经开始列装柯尔特公司的另一款11.43毫米手枪——M1911半自动手枪，但由于生产数量不足，因此又选用了M1917左轮手枪。

除柯尔特公司外，美国史密斯-韦森公司也曾生产M1917左轮手枪，两个公司的产品存在一定差异。M1917左轮手枪在1917～1920年间生产，总产量约30万支。

性能与维护

M1917左轮手枪的枪架与弹巢的间隙较大，与当时普遍装备的其他左轮手枪不同，M1917左轮手枪使用无底缘的11.43毫米手枪弹，通过一个三发半月夹将子弹装入弹巢。该枪的缺点是质量较大，加上左轮手枪天生的漏气问题，导致其有效射程不足，且精度也不易保证。

Ⓘ M1917 左轮手枪左侧视角

Ⓘ M1917 左轮手枪握把部位特写

装备与服役

在一战期间及结束以后的相当长一段时间内，M1917左轮手枪是美、英等国的制式装备。美军在二战中也曾使用M1917左轮手枪，后来因为该枪的有效射程与美军的要求相去甚远，而改为美国警察专用枪械。此外，巴西军队也在1937年订购了2.5万支史密斯-韦森公司生产的M1917左轮手枪。

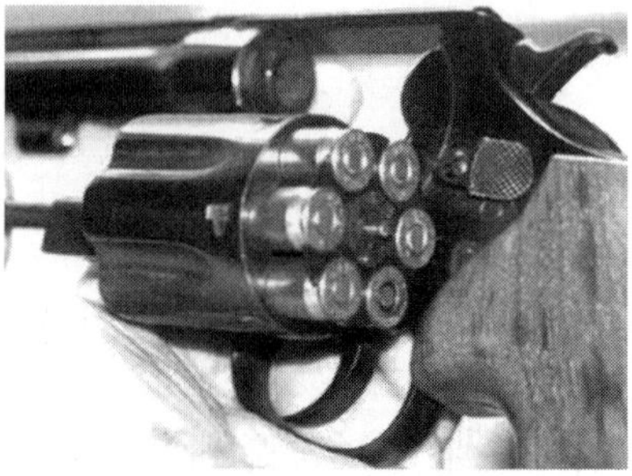
Ⓘ M1917 弹匣特写

史密斯-韦森军警型左轮手枪

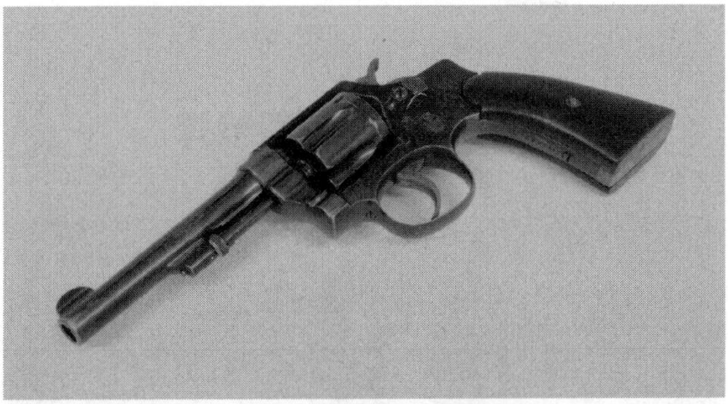

口径	9毫米	弹容量	6发
全长	286毫米	重量	0.91千克
枪管长	150毫米	枪口初速	300米/秒

史密斯-韦森军警型（Smith & Wesson Military & Police，简称S&W MP）左轮手枪是美国史密斯-韦森公司研制的9毫米口径左轮手枪，于1899年开始生产并持续至今。

顾名思义，史密斯-韦森军警型左轮手枪是专为军队及警队而设计。该枪有多种版本，常见的包括.38驱逐者型（.38 Hand Ejector）、军警型（Military & Police）、胜利型（Victory Model）及军警10型（Model 10），部分版本曾在二战中使用。各版本都装有凹槽旋转弹膛、缺口式固定照门，枪管有51毫米、64毫米、76毫米、100毫米、130毫米、150毫米等多种长度。由于结构简单、坚实耐用、使用灵活方便、价格便宜，多国警察及执法部门至今仍在使用史密斯-韦森军警型左轮手枪。2005年，史密斯-韦森公司还推出了史密斯-韦森军警型半自动手枪。

↑ 史密斯－韦森军警型左轮手枪后方视角

↑ 史密斯－韦森军警型左轮手枪特写

2.6 弹药

.45 ACP手枪弹

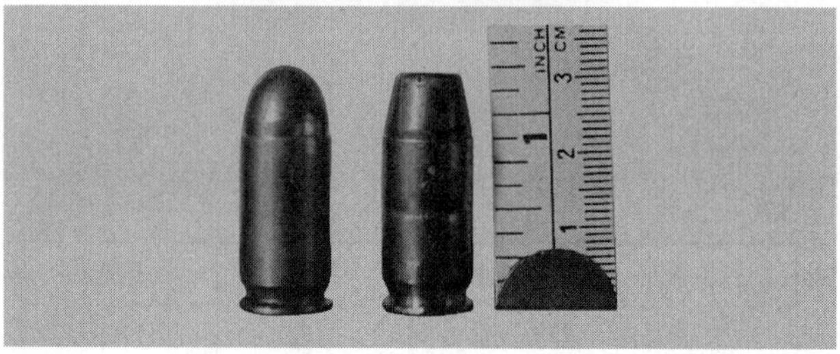

弹壳类型	无底缘、直筒	底缘直径	12.2毫米
弹头直径	12.98毫米	弹壳长度	22.8毫米
弹颈直径	14.22毫米	全长	32.4毫米
壳底直径	12.19毫米	膛线缠距	406毫米

.45 ACP（11.43×23毫米Automatic Colt Pistol，即柯尔特自动手枪子弹）是由约翰·勃朗宁在1904年设计的无底缘手枪弹，研发之初用在柯尔特公司的试验型手枪上，后来，这种手枪被改良成M1911并被美国陆军在1911年采用成制式武器，而.45 ACP也成为多种手枪及冲锋枪所使用的弹种，直至现在仍被广泛使用。.45 ACP的特点是拥有一枚圆钝的重弹头［标准FMJ（全金属被用弹）弹头重230格令，合14.9克］和较低的初速（亚音速），能够对无防护的目标造成严重杀伤，且适合有消音器的武器使用（亚音速弹头不会产生音爆，易于消音，且弹头较重能够保持亚音速飞行下的杀伤力）。

.38 Smith & Wesson Special手枪弹

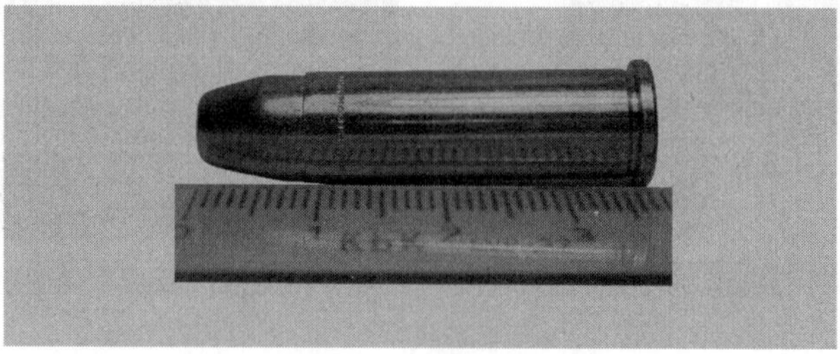

弹壳类型	有底缘、直筒	底缘直径	11.18毫米
弹头直径	9.07毫米	底缘厚度	1.47毫米
弹颈直径	9.63毫米	弹壳长度	29.34毫米
壳底直径	9.63毫米	全长	39.37毫米

.38 Smith & Wesson Special（.38史密斯-韦森特殊弹，通常简称为.38 Special、.38 Spl或.38 Spc）是一种左轮手枪所使用的有缘中央发火子弹，由美国史密斯-韦森公司于1898年推出。这种手枪弹堪称世界上最流行的左轮手枪弹，精准度高且后坐力小，广泛应用于射击、竞赛、自卫及打猎。.38 Smith & Wesson Special是美国执法机构在20世纪20～90年代的标准用弹，美国军队也曾在二战中大量使用。

.30-06 Springfield步枪弹

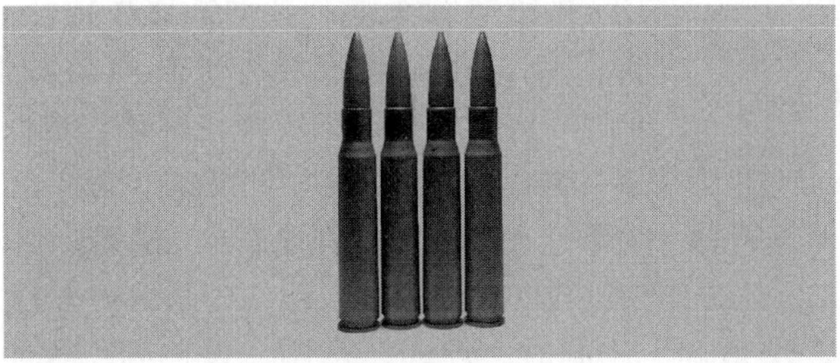

弹壳类型	无底缘、瓶颈	底缘直径	12.01毫米
弹头直径	7.82毫米	弹壳长度	65.35毫米
弹颈直径	8.64毫米	全长	84.84毫米
壳底直径	11.96毫米	膛线缠距	254毫米

.30-06 Springfield是美国春田兵工厂（斯普林菲尔德兵工厂）推出的7.62×63毫米步枪弹，其中“.30”指枪弹口径，“06”指面世年份。20世纪初，该厂在原.30-03 Springfield步枪弹基础上加以改进，于1906年推出该弹，以作为斯普林菲尔德M1903手动步枪的制式枪弹。与旧式的.30-03 Springfield步枪弹相比，其弹头由圆头改为尖头，弹壳长度减少了1.8毫米，若由M1903手动步枪发射的话，其初速为823米/秒，最大射程为4100米。

1926年，又改为尾部带有9度锥角的重弹头结构，并定名为M1普通弹。此次改进，最大射程显著提高，达5000米以上，但膛压过高，弹道性能不稳定，枪管磨损加快。1940年，为适应美军已装备的M1加兰德半自动步枪，再次改进该弹，保留原弹壳，采用尖头平底弹头，即M2普通弹。该弹一直沿用至今，但在美国已不再配装于第一线部队，而由预备役部队使用。

二战期间，.30-06 Springfield步枪弹曾广泛配用于美国的M1903手动步枪、M1917勃朗宁机枪、M1919勃朗宁机枪以及M1加兰德半自动步枪。其他国家也广为采用，如英国的勃朗宁坦克机枪和航空机枪等。

.30 Carbine卡宾枪弹

弹壳类型	半底缘、直筒	底缘直径	9.14毫米
弹头直径	7.82毫米	弹壳长度	32.76毫米
弹颈直径	8.41毫米	全长	41.91毫米

⊕.30 Carbine卡宾枪弹（右）与其他枪弹对比

.30 Carbine是二战期间美国军方为了配合M1卡宾枪而由温彻斯特公司研发的一种卡宾枪弹，外表和手枪弹相似，其尺寸为7.62×33毫米，弹头为7.13克铅质圆头弹，其动能比手枪弹高而比步枪弹低。.30 Carbine卡宾枪弹的优点是后坐力低，适合非战斗人员使用，但缺点是穿透力也低。

.30 Carbine卡宾枪弹很多时候都会被归类为中间型威力枪弹，但严格意义上，它算是独特的概念枪弹。为了迁就二战时要在既有的7.62毫米口径子弹为基础开发的条件限制，该弹作为进攻的火力不够，但作为防卫的火力又嫌过大。

除美国外，奥地利、比利时、巴西、德国、以色列、意大利、墨西哥、南非、韩国、瑞典、英国和南斯拉夫都生产过.30 Carbine卡宾枪弹。军用的.30 Carbine卡宾枪弹已于1950年停产，但以色列至今仍有大量存货，主要给警察部队的M1卡宾枪使用。

.50 BMG枪弹

弹壳类型	无底缘、瓶颈	壳底直径	20.42毫米
弹头直径	12.98毫米	底缘直径	20.42毫米
弹颈直径	14.22毫米	弹壳长度	99.31毫米
弹肩直径	18.82毫米	全长	138.43毫米

.50 BMG（.50 Browning Machine Gun）是一战期间约翰·勃朗宁应美国军方的要求而设计的防空用弹药，1921年正式服役。该枪弹由春田步枪弹为基础，加码放大而来，搭配的M2勃朗宁重机枪也是同时由勃朗宁M1919中

⬆.50 BMG枪弹（左）与其他枪弹对比

型机枪改进设计的。.50 BMG弹种繁多，包括全金属被覆弹、曳光弹、穿甲弹、燃烧弹等，使用于机枪时需用金属弹链。在二战期间，使用.50 BMG 枪弹的M2勃朗宁重机枪被大量用作航空机枪。

.50 BMG也用于长射程狙击步枪以及小部分的超大威力手枪。2002年，一名加拿大陆军士官使用TAC-50狙击步枪发射.50 BMG枪弹击毙了2430米外的一名武装分子，创下长程狙击的世界纪录。目前，美国国防部高级研究计划局（DARPA）正在开发EXACTO程序，在.50 BMG狙击用子弹内加入微处理器和转向叶片，使子弹可以在飞行过程中修正轨迹。

.22 LR枪弹

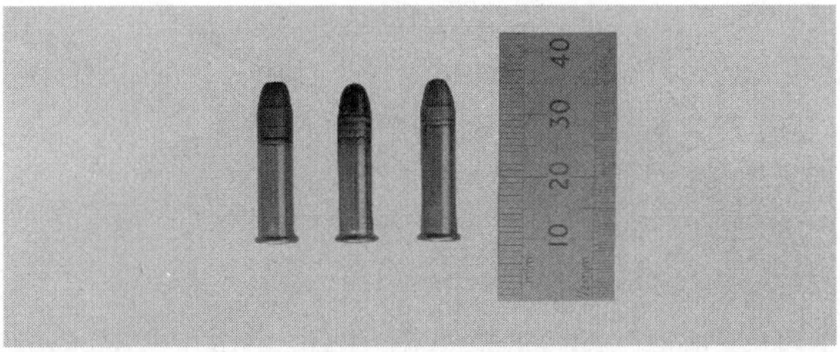

弹壳类型	有底缘、直筒	底缘厚度	1.1毫米
弹头直径	5.68毫米	弹壳长度	15.6毫米
底缘直径	6.88毫米	全长	25.4毫米

.22 LR（.22 Long Rifle）是一种历史悠久的底缘底火式子弹。按照销售记录，到目前它仍然是全世界使用最普遍的子弹。.22 LR枪弹被使用于许多步枪、手枪、左轮手枪、甚至是滑膛霰弹枪，同时也是少数同时被广泛使用于步枪与手枪的子弹之一。20世纪以来，世界上大多数枪械制造厂几乎都制造过使用.22 LR枪弹的枪械。

.22 LR枪弹的主要优点是价廉、低噪音、极小的后坐力与高准确度，主要缺点是低火力，仅适用于小型动物狩猎。虽然.22 LR枪弹被普遍认为火力太小，不适合使用于自卫枪械，不过二战期间美军以及美国中央情报局的武器都有搭配消声器的高标HDM手枪，普遍使用于特种部队的暗杀与摸哨任务。

第3章

火力补充

——非枪械类武器

除了各式枪械，美国军队在二战中使用的其他单兵武器主要是刺刀、格斗刀等冷兵器，以及手榴弹、火箭筒、小口径迫击炮、火焰喷射器和枪榴弹发射器等爆破或燃烧性武器。本章主要介绍美国军队在二战期间使用的非枪械类单兵武器。

M1905刺刀

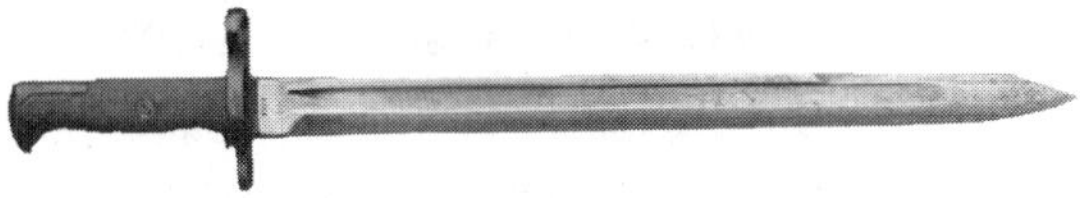

M1905刺刀

M1905刺刀是美国军队在一战至二战期间使用的主力刺刀之一，主要由春田兵工厂（1906～1922年）和岩岛兵工厂（1906～1913年）制造。该刺刀源自一战时期，主要配置于美军斯普林菲尔德M1903手动步枪和M1917步枪。

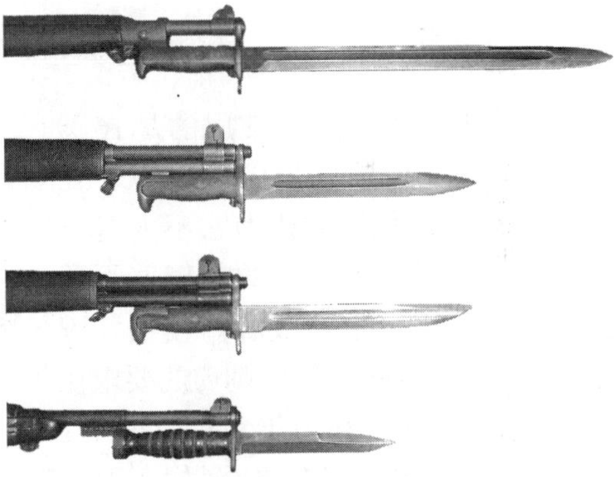

从上至下依次为M1905刺刀、M1刺刀、M1905E1刺刀、M4刺刀

M1905刺刀采用剑形刀身，刀身中脊处带宽血槽，刀身前端上方开有假刃，刀身表面经过发蓝处理。刀鞘有几种不同的版本，包括皮制外套木鞘、帆布外套木鞘以及带扣和钩状克拉格旋转式皮鞘等。手柄为胡桃木单螺丝固定，高位卡笋按钮。刀体一侧为厂标和炸弹图形以及年份标识，另一侧为US字样和兵工厂生产序列编号。

1942年，美国军方将库存遗留的M1905刺刀的握把由木柄改成了黑色塑胶柄，没有烤蓝的刀体进行了烤蓝和磷化膜防锈处理，刀鞘采用军绿色塑胶玻璃纤维材料制成，鞘口为钢制结构并铭有US字样和炸弹标识，这款修改过的刺刀称为M1905/42。时至今日，不带烤蓝、早期生产的低序列编号的M1905受到了收藏者们的一致追捧。

美军士兵使用M1905刺刀进行格斗训练

M1942刺刀

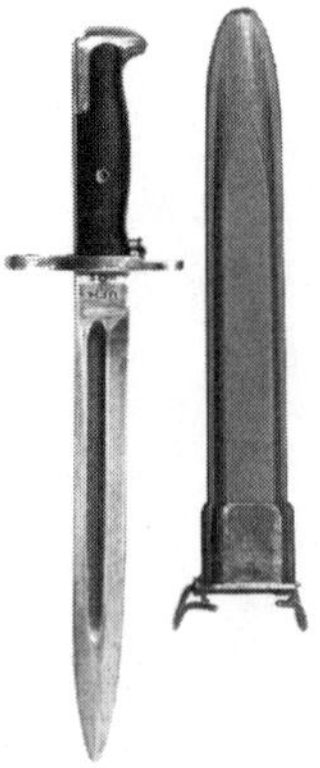
M1942刺刀及其刀鞘

M1942刺刀也是美国军队在一战至二战期间使用的主力刺刀之一，生产于1942～1943年。除了握把是黑色塑胶柄、刀鞘是军绿塑胶玻璃纤维材料以及加了烤蓝涂层之外，其型号结构与M1905刺刀大致相同。

M1942刺刀由6家兵工厂生产。刀体上不带兵工厂序列号，但不排除护手上有特殊编号，刀体一侧铭有厂标、炸弹标识、US字样以及年份（1942或1943）标识。1944～1946年期间，随着美军M1刺刀的广泛配置，根据实际效用，一战、二战中的M1905和M1942等16英寸（406毫米）枪刺被陆续大量截短为10英寸（254毫米），这些截短型刺刀的正式称谓为M1905E1。

M1刺刀

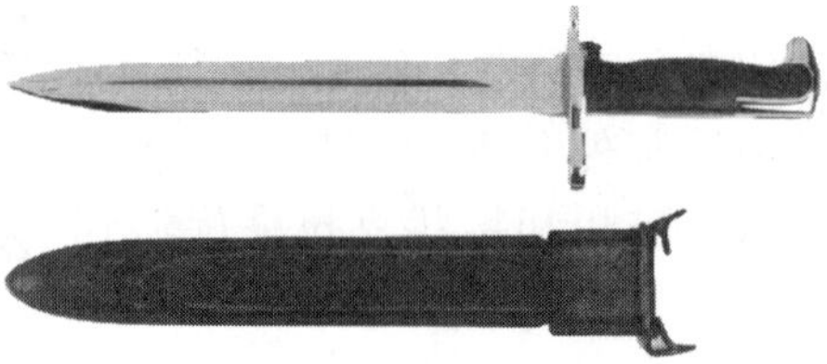
M1刺刀及其刀鞘

一战中，美军广泛使用的是16英寸（406毫米）长的M1905刺刀。在战斗中，士兵们普遍认为它不太适合于近战搏斗，因为长长的刺刀并不适合于在相对比较窄的战壕内使用。因此，设计一种更短一些的刺刀的要求在战后被提了出来。1920年，在军方的授权之下，各型刺刀开始进行缩短刺刀长度的测试，全面的测试于1921年结束。

二战爆发后，美国卷入其中，初期美军配置的依然是一战时期的M1905刺刀和2种型号的步枪（M1903步枪和M1加兰德步枪）。随着战争的进行，美军再次提出了将刀锋长度从16英寸（406.4毫米）改短到10英寸（254毫米）的要求，这种改变的好处是更便于随身携带，并且在紧急情况下更能够发挥出武器的效能。这一要求很快得到了响应，而其成果就是M1刺刀。该刺刀在美国当代刺刀发展上具有突出代表性，因它的产生，美军率先进入了短刺刀时代。与美军早期的刺刀相比，M1刺刀除了刀刃缩短外，其他结构没有太大变化。

M3格斗刀

为了适应二战前线士兵近身格斗和工具化要求，美军于1943年初期设计了一种易于制造、生产快速并且成本较低的制式格斗短刀，即M3格斗刀（M3 Fighting Knife）。1943～1944年间，美国政府共购买了295万把M3格斗刀。起初，在刀身上刻有M3及公司名称，后来考虑到这样会降低刀刃强度，于是只在刀的护手部位刻印一些小的标示字符。尽管这一刀具只在二战期间生产了两年，但几乎二战后许多战役都能看到它的身影。

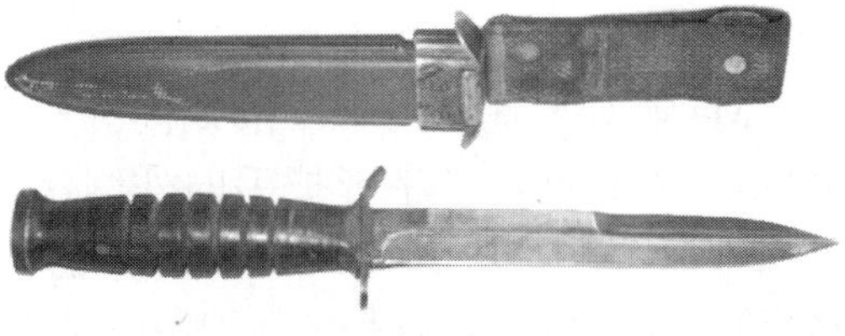

M3格斗刀

腰间挂着M3格斗刀的美军士兵

M3格斗刀是为携带M1卡宾枪和M1911A1手枪的军人配置的战壕格斗双刃短刀，护手不带枪口环。早期的铭文在刀体上，晚期的铭文在十字形护手的外侧，全部有烤蓝涂层，晚期的刀体为磷酸盐被膜（防锈）处理。手柄为全皮质结构，刀鞘为M8军绿色塑胶玻璃纤维鞘，早期的是全皮M6刀鞘。M3格斗刀的使用虽然仅限于短兵相接的肉搏战，但为以后的刺刀发展奠定了基础，之后的M4、M5/M5A1、M6和M7等刺刀都是采用了M3的刀体形状和刀刃结构。

M4刺刀

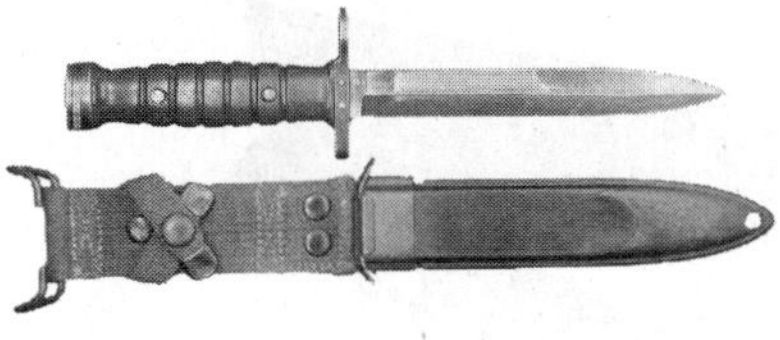

M4刺刀

M4刺刀主要是为M1卡宾枪设计配置的，大体形状和M3格斗刀类似，区别在于增加了枪口环和刺刀座卡口，使之成为一款格斗、枪刺两用刺刀。这种观念的更新应该是来源于实战。虽然美军一贯忽视刺刀在战场上的作用，但最终还是认识到

美军士兵在步枪上加装M4刺刀

了卡宾枪也有上刺刀的必要。

M4刺刀装备使用于二战期间并一直用到20世纪50年代，刺刀尺寸和M3格斗刀相同，十字形护手的外侧铭有US M4字样、炸弹标识以及厂标，铁质部分全部有烤蓝防锈处理，早期刀鞘为不带钢皮鞘头的M8，晚期为带钢皮鞘头的M8A1，以起到保护塑胶鞘头不被损坏的作用。

卡巴军刀

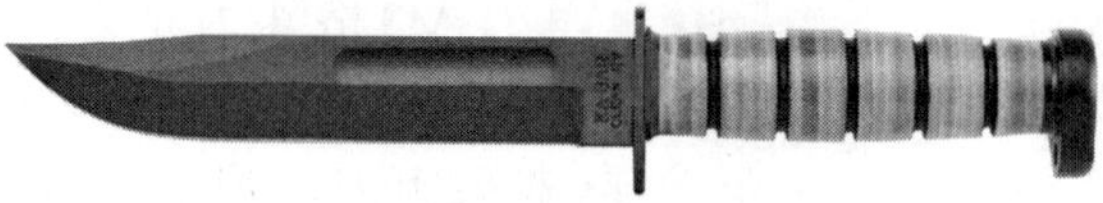

⊕ 卡巴军刀

卡巴军刀（KA-BAR）由美国卡巴刀具制造公司制造，曾被选为20世纪最具代表性的二十把刀之一，是美军的标准配备，美国海军及美国海军陆战队都配备此型刀具。

1942年，卡巴刀厂将首批军刀提交给美国海军陆战队队员使用，1945年军方确认该刀的可靠性能，并把它命名为“美国海军陆战格斗及多用途刀”，此后，美军其他战斗部队也跟随引进了此型刀具。战争期间，卡巴刀厂生产了共超过100万把军刀，在其供不应求的情况下，卡巴刀厂直接授权其他生产商生产其他类型的军刀给各军队使用，并在刀上印上其他生产商之名称。基于卡巴军刀的质量和耐用性，许多使用者对此刀非常信赖并作为日常工作所用。

⊕ 卡巴军刀及其皮革套

“巴祖卡”火箭筒

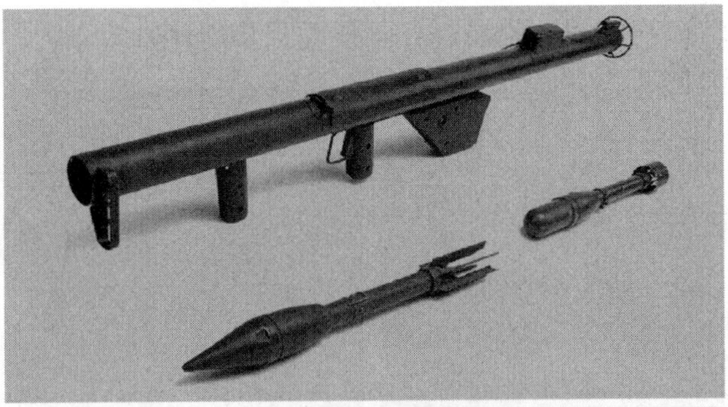

口径	60毫米	发射初速	91米/秒
长度	1370毫米	直射距离	100米
空重	5.71千克	有效射程	109米
总重	6.6千克	破甲厚度	75毫米

“巴祖卡”火箭筒是美军在二战中使用的单兵肩扛式火箭筒，因其管状外形类似于一种名叫“巴祖卡”的喇叭状乐器而得名。它是第一代实战用的单兵反坦克装备。

“巴祖卡”火箭筒由发射筒、肩托、挡焰罩、护套、挡弹器、握把、背带、瞄准具以及发射机构和保险装置等组成。发射筒是个整体式钢筒，前面焊有环形挡焰罩，上面焊有准星座和表尺座，下面有握把连接耳，中部有皮革防热护套。肩托用木材制成，在肩托后面的一段发射筒上缠有钢丝，用以加固筒身。该火箭筒的发射机构由发射机体、扳机、扳机簧、电路接触环、断路保险以及手电筒电池组和导线、检验灯等组成。背带的一端连接于握把底部，另一端直接拴在筒身后部。

美军士兵发射“巴祖卡”火箭筒

“巴祖卡”火箭筒配用破甲火箭弹，由战斗部、机械触发引信、火箭发动机、电点火具、运输保险、后向折叠式尾翼等组成。战斗部由风帽、弹体、药型罩、空心装药、起爆药柱等组成。风帽、弹体用薄钢板制成，装有梯恩梯（TNT）和黑索金混合炸药288克。发动机燃烧室、喷管用钢材制成。装药结构为5根单孔双基药柱，电点火具位于中间，部分主动段裸露于筒外。

总体来说，“巴祖卡”火箭筒结构简单，坚固可靠，能适合非常恶劣环境下的使用。在这几点上，与著名的AK-47突击步枪很相似。但由于研制仓促，“巴祖卡”火箭筒的外观显得有些粗糙且整体比较笨重。

↑美军士兵使用“巴祖卡”火箭筒作战

↑“巴祖卡”火箭筒

M2迫击炮

炮管长	0.73米	口径	60毫米
炮口初速	158米/秒	重量	19.05千克
方向射界	14度	最大射速	18发/分
高低射界	45~80度	有效射程	1815米

M2迫击炮是美国于20世纪30年代研制的60毫米前装式迫击炮，二战期间被美军广泛使用。

20世纪20年代末，美国开始进行迫击炮规格审查，主要目的是为进行新型步兵轻型支援武器测试。在经过各种迫击炮的测试以后，决定购买法国兵器工程师埃德加·布兰特设计的轻型迫击炮。经过漫长的测试工作后，新型迫击炮于1940年1月交付美军服役。由于这是美国陆军采用的第二种迫击炮，因此正式代号为M2迫击炮。二战中，M2迫击炮被美国陆军步兵大量采用。二战后，美国陆军开始换装M19迫击炮。不过，M19迫击炮的弹着精度被认为不如M2迫击炮，因此M2迫击炮一直留用到80年代，之后才被M224迫击炮取代。

M2迫击炮由炮身、炮架、座板、瞄具组成。炮架为两脚架，座板为方形，采用滑膛、炮口装填、撞击发射的设计。该迫击炮主要使用下列几种弹药：M49A2高爆弹，对付步兵以及轻型目标用；M302白磷弹，可作为信号弹、烟雾弹、人员杀伤用；M83照明弹，夜间照明用。二战中，美军标准编制一个步兵团下辖27门M2迫击炮。使用单位除了团直属迫击炮连外，各步兵排也有直属迫击炮班，配发3门M2迫击炮提供火力支援。

M2迫击炮炮口特写

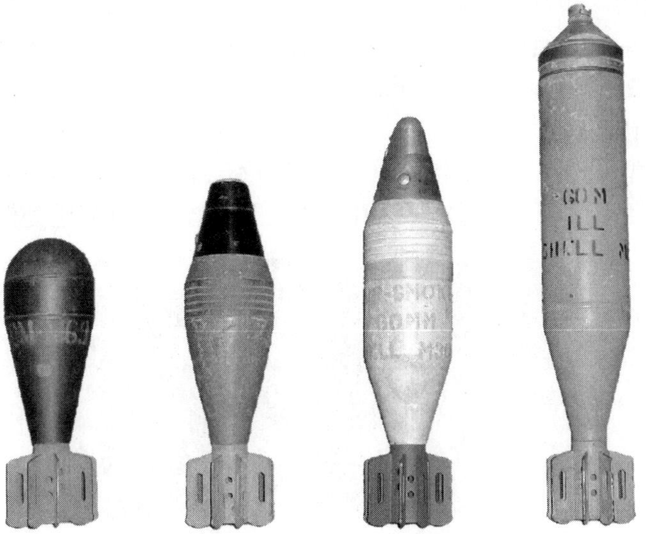

M2迫击炮发射的各类弹药

M18 无后坐力炮

炮管长	1.56米	口径	57毫米
炮口初速	365米/秒	重量	22.04千克
方向射界	360度	最大射程	3970米
高低射界	−27度～+65度	有效射程	450米

M18无后坐力炮是美军在二战中使用的肩扛式反坦克武器，属于单人携带的后装式单发武器，使用时通常架设在单脚架或是士兵的肩头，既可以用于反坦克也可以用于反人员作战。

二战期间，步兵部门选择了从英国炮弹武器的基础上发展而来的炮弹，炮弹侧壁上钻有数百个洞眼，里面有防水防潮的塑料里衬，炮管内还雕刻有与膛线相匹配的平行条带，借此减少摩擦力，增大发射火药的推进作用和炮弹射出时的初速。

作为轻型武器来说，M18高爆弹的威力不俗，但是破甲弹63.5毫米的贯穿能力却令人稍感失望，不过在战争中，M18也凭借它的优异之处做出不少贡献。

士兵正在使用M18无后坐力炮

Mk2手榴弹

长度	114毫米	重量	595克
弹径	57毫米	投掷距离	32～37米

Mk2手榴弹是美军在二战中使用的破片手榴弹，由于外形酷似菠萝，又被称作“菠萝”手榴弹。Mk2手榴弹是美国研制成功的第一种手榴弹。研制工作始于1917年，20世纪20年代末开始装备部队。该手榴弹持续使用到50年代，后被M61及M67手榴弹取代。

Mk2手榴弹仿照英国米尔斯手榴弹而设计，引信结构一样，但弹体形状和主装药有所不同。Mk2手榴弹采用椭圆形铸铁弹体，外侧刻有宽而深的纵横交错的沟槽，弹体有小平底。20世纪40年代初，Mk2手榴弹的改进型Mk2A1问世，在二战期间被美军广泛使用。Mk2A1将引信改成了一个整体，工艺性变好。弹体口部的连接螺纹做了修改，以便能与枪榴弹尾管的螺纹连接。主装药为57克TNT，但由于战争初期TNT短缺，内部多填充硝化淀粉复合物。引信采用M204A1式火药延期引信，引信延期时间4～5秒。击发机构为翻板式针刺击发机构。投掷距离多为32～37米，用空包弹从枪口发射的射程为140米。

Mk2系列是防御手榴弹，杀伤半径是5～9米，但弹片可杀伤至45米，士兵在投弹后需卧倒或找掩体隐蔽直至手榴弹爆炸。Mk2A1手榴弹将引信摘除后，装上M9或M9A1式反坦克枪榴弹的尾管，可做枪榴弹使用，通过M7/M7A1（配M1加兰德步枪）或M8（配M1卡宾枪）枪榴弹发射器用空包弹发射，射程约150米。

⊙ 士兵手持Mk2手榴弹

除普通弹外，Mk2系列还有强装药弹、发烟弹、训练弹等弹种，外形和普通弹一样，靠不同的涂装区别。

知识链接

米尔斯手榴弹是现代军用手榴弹的先驱，其特点是采用了空心装药技术，既可空手投掷，又能用枪发射，使用比较灵活。

Mk2手榴弹底部特写

M1火焰喷射器

士兵使用M1火焰喷射器作战

M1火焰喷射器是美国研制的新一代火焰喷射器，1940年8月开始研制，1941年设计完成。这种火焰喷射器性能平平。它采用双罐式设计，一个燃料罐中装有18升的石油混合物燃料，另一个小罐中装有压缩氮气作为压力源。M1火焰喷射器可以进行5次2秒钟的短喷射，射程只有20米，重量却高达30千克，令美军喷火兵们叫苦不已。

M1火焰喷射器在二战中取得了一定的战果，但它在实战中也暴露出了一些问题。M1火焰喷射器的点火装置不够可靠，它采用电池点火（类似于现代家用燃气具的点火方式），这种方式在美国国内测验时非常可靠，但在南太平洋潮湿的环境中，电池容易被盐碱和潮湿的空气腐蚀，导致无法正常点火。

M2火焰喷射器

M2火焰喷射器（M2 Flamethrower）是美国研制的单兵携带及背负式火焰喷射器，并首次于二战之中使用。

M2火焰喷射器和其前代的M1火焰喷射器一样，分为两个部分。一是由士兵背在背部的3个罐子，其中两个大小相等的罐子装载着作为燃料的柴油和汽油，另一个较小的则装载着作为推进剂的氮气。氮气罐位于两个燃料罐之间和较顶端的位置。3个罐子安装在一个支架上，并且使用帆布包覆，帆布也是背带的材料，射手在休息时仍然可以背在背面。二是火焰喷射器的握把及喷嘴，通过后端的一条软管连接到罐子。

尽管M2火焰喷射器实际的“焚烧时间”只有7秒左右，而且火焰的有效范围只有大约33 米，但它仍然是一种有实用性的武器，并且在许多的战争之中使用。二战中，M2火焰喷射器经常使用于欧洲战场和太平洋战场上，对于一些闭锁型阵地（例如战壕或碉堡等防御工事）非常有效。特别是在太平洋战区的塞班岛战役、硫磺岛战役以及冲绳岛战役之中，M2火焰喷射器对坚守于洞窟阵地或是丛林之中的日本陆军威胁极大，这使得火焰喷射兵成为日本士兵最恐惧和憎恶的攻击对象。

后来，喷火坦克逐渐出现。由于它能够提供更大的保护，同时还能达到有效的杀伤，步兵无须暴露自己的存在，因此，M2火焰喷射器逐渐退出现役，小部分被出售，大部分因为被宣布为“过时”而被销毁。

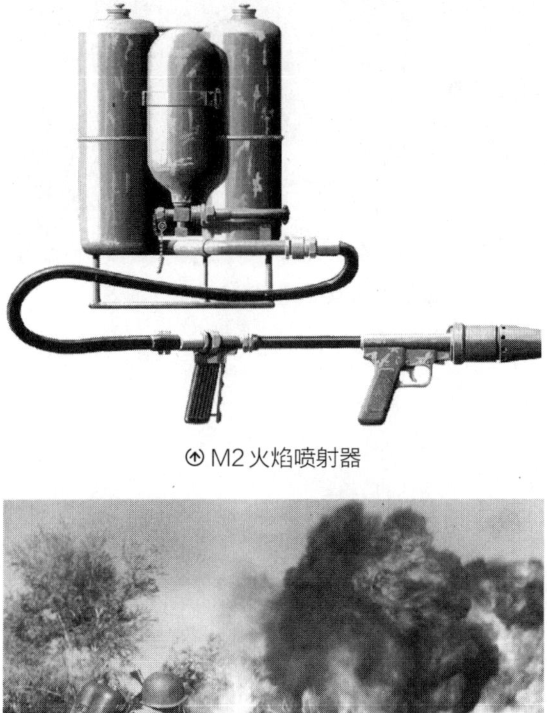

⊕ M2火焰喷射器

⊕ 美军士兵发射M2火焰喷射器

M7枪榴弹发射器

M7枪榴弹发射器（M7 Grenade Launcher）是二战期间美军装在M1加兰德半自动步枪上的枪榴弹发射器，它是一种典型的"筒型"发射器。在安装之前，需要去除M1加兰德半自动步枪标准的气体调节阀。当安装枪榴弹发射器之后，M1加兰德半自动步枪也无法进行半自动射击。M7枪榴弹发射器使用M9和M9A1型枪榴弹。其中，后者的穿甲厚度可达75毫米，射程可达229米（在射击装甲目标时通常在46米以内）。但由于弹道和后坐力等原因，它的命中率并不高。

⇧ 美军士兵使用M7枪榴弹发射器

第4章
军威凛凛
——军服

军服是军队的识别标志之一，也是国威、军威和军人仪表的象征。通过一个国家、一个时期军服的质地、颜色和款式，不仅可以品出时代的审美，同时可以读出政治、军事、经济、科技等方面的内容。本章主要介绍美国在二战时期的军服，包括盔帽、衣裤、手套、靴子、腰带和护目镜等。由于陆军是二战期间美国军事力量的主要组成部分，因此本章内容以美国陆军的军服为主。

4.1 盔帽

4.1.1 大檐帽

大檐帽有很长的历史，最早于1811年成为沙俄陆军军官的工作帽，1814年又被普鲁士陆军元帅选中，成为普鲁士军官的日常服饰。1856年，英国海军先在低级军官军服上使用，1902年，与英国陆军新卡其布军服一起供外出与下班穿着。20世纪，大檐帽在全世界普及，并越来越正式，美国军队也不例外。

二战中，美国军队配备的大檐帽主要有军官常服大檐帽、正规士兵常服大檐帽、礼服大檐帽等类别。美军大檐帽的帽冠有蓝色、白色、卡其色、橄榄褐色等颜色，一般由毛料制成；帽带和帽舌大多为红褐色，一般由皮革制成。各种类型的大檐帽在外形上大体相似，因生产厂家、使用场合、穿戴季节等因素的影响而略有区别。

㊉“国家之鹰”图案

美军大檐帽的帽带实际上只起装饰作用。如果需要在大风天戴帽子，就必须另外购买一个有别扣的帽带。这个帽带与前装饰帽带都是固定在帽子两侧的螺丝扣上的。螺丝扣上有陆军军徽，做工很细腻，内侧是螺丝式设计，可以拧开更换帽带，而且厚度足够加装另一个专用帽带。

㊉头戴大檐帽的德怀特·艾森豪威尔（左）和道格拉斯·麦克阿瑟（右）

美军大檐帽上还带有帽徽，一般为纯铜制作，分量很足。二战时期，美军的大檐帽帽徽有十余种，最常见的是士兵大檐帽帽徽、军官大檐帽帽徽和飞行员大檐帽帽徽三种。其中，士兵大檐帽帽徽的底盘为纯铜圆盘，“国家之鹰”图案（鹰头上方有13颗星，右爪抓着橄榄枝，左爪握着13支箭）背后有一个带扣的螺杆，先把“国家之鹰”固定上去，然后穿到大檐帽上预留的帽孔，最后固定整个帽徽即可。军官大檐帽帽徽和飞行员大檐帽帽徽的穿戴方式较为简单，只要穿过去把背后的螺丝固定住即可。

4.1.2 船形帽

二战美军船形帽

船形帽是一种形似船只的软质制式军帽，采用国际通用样式，不仅美观大方，同时也较好地解决了官兵夏季戴大檐帽太重、太热和不便携带的问题。1939年，美国军队采用了一种在兵营和野外环境使用的船形野战帽，1941年2月19日制式化以取代大檐帽。

头戴船形帽的美国海军陆战队士兵

美军的船形帽在两侧面的上檐附有镶边，将官镶金丝线或金色合成金属丝，其他军官镶夹有黑色人造丝或金色合成金属丝，准尉镶夹有黑色人造丝的银线或银色合成金属丝。正规士兵的船形帽带有兵种绲边，其单位徽章佩戴在左前部。美军的船形帽有两种面料，采用橄榄褐色哔叽面料的用于冬季制服，采用黄褐色棉料的用于夏季和热带地区。

4.1.3 贝雷帽

贝雷帽是一种无檐软质制式军帽，具有便于折叠、不怕挤压、容易携带、美观等优点，还便于外套钢盔。一般来说，贝雷帽只有在穿常服、作训服和工作服时才能佩戴。根据相关历史图片，美军首次使用贝雷帽是在1943年。当时美国陆军第509伞降步兵团的一个营，成建制地佩戴了英国伞兵部队在战争中使用的制式栗色贝雷帽，其原因并不明确，可能只是为了体现伞降步兵团的精锐性。

二战期间美军佩戴的栗色贝雷帽

4.1.4 钢盔

自一战结束后，美军便一直致力于研发一种新式的钢盔，不过都未能成功。于是，只有将原有的M1917钢盔升级为M1917A1型。在二战早期，美军仍大量佩戴M1917钢盔的升级版M1917A1钢盔。M1917钢盔是一战英国钢盔的仿制型，M1917A1钢盔只在细节上有所改变。

1940年，美军重启新式钢盔的研发工作，并将任务指派给哈罗德·德纳姆少校。当时的德纳姆少校早已经有了将钢盔设计为内外分离式的想法，并认为新的钢盔应在重量、防弹特性、舒适度和平衡与稳定方面达到较高的标准。从TS-1、TS-2到TS-3，新型钢盔几经波折之后终于定型。1941年上半年，TS-3交给生产M1917A1钢盔的公司负责测试与生产，其测试结果为：可抵挡初速为244米/秒的11.43毫米口径子弹的冲击。1941年6月，新型钢盔被正式命名为M1钢盔。

M1钢盔重量长28厘米，宽23.5厘米，高17.6厘米，重1.36千克。二战结束后，其高度被修改为16.8厘米，重1.5千克。二战时期，M1钢盔上的金属扣几乎都为铜制品。1941年7月到1943年10月间，外盔的下巴带固定环为固定式，盔缘包边接缝在前方，后来被改为活动式，并将盔缘包接缝改到后方。内盔方面，M1钢盔采用了足球头盔的支撑概念，对此后的美军头盔设计有着长远的影响。M1钢盔的伪装网为棉质细绳制成，孔洞有多种规格。在诺曼底登陆前后，美军大多使用英军或加拿大军队的12.7毫米孔伪装网，但由于不容易装上钢盔和容易破损等原因，通常会将其取下。后来，美军研发的6.4毫米孔伪装网较受欢迎。一般情况下，步兵使用的伪装网孔径较小，而空降部队使用的伪装网孔径较大。

二战美军M1钢盔

M1钢盔内部结构

知识链接

美军士兵佩戴M1钢盔有一个习惯，就是经常不系下巴带。之所以造成这种现象，是因为许多士兵认为系着下巴带，爆炸冲击钢盔时会造成伤害，这实际上是一种误解。

㊉ 头戴M1钢盔的美军士兵

4.2 衣 裤

美军陆军的军服主要包括常服、礼服、野战服、工作服以及一些特殊服装。这些服装包括冬季和夏季穿着的不同厚度和材料的军装，以及在参加社交、办公室内和在野外执行任务等不同场合穿着的军装。每名军官都需要备有数套不同类型的军装。有一部分是由个人视情况选购，不过那些需要按照规定穿着的工作服则一律由官方发放。为了适应不同体型的士兵，美国军方备有充足的不同尺码的军装，力求穿着合体，以显示良好的军人姿态。另外，分发给士兵的服装或装备物品都带有油墨姓氏缩写，以便于士兵对自己的装备进行识别。

4.2.1 常服

4.2.1.1 军官常服

美军军官的常服主要有A类常服和B类常服两种。男军官的A类常服由陆军绿色上装和长裤、1件长袖或短袖陆军绿色衬衫、1条黑色活结领带以及规定的配用品组成。女军官的A类常服由陆军绿色的传统式上装和裙子或长裤、1件长袖或短袖陆军绿色衬衫、黑色领结以及规定的配用品组成。

㊉ 二战美国军官A类常服上衣

男军官的B类常服与A类基本相同，不过不着绿色上装，且在穿短袖衬衫时可以不用佩戴领带。女军官的B类常服除了不含绿色上装外与A类相同。

4.2.1.2 士兵常服

Ⓜ M1944型橄榄褐色毛料野战夹克

士兵的常服由橄榄褐色大檐帽（1941年被船形帽取代）、卡其色棉质海马毛领带、橄榄褐色毛哔叽上衣、M1944型橄榄褐色毛料野战夹克和红褐色皮革腰带等组成。

橄榄褐色大檐帽为毛料制品，红褐色的帽带由两个小型镀金制服纽扣固定，美国陆军军徽叠印在纽扣圆盘上。这种大檐帽只配发给正规士兵，在1941年时被船形帽取代，不过仍有士兵保留或私下购买。

卡其色棉质海马毛领带是由棉与毛的混纺面料制成，于1942年2月24日批准使用，取代了1939年引入的配用夏季及热带制服的M1940型黑色海马毛和黄褐色棉质领带。当穿着衬衫作为外套时，可以在衬衫第一和第二个纽扣之间位置松开领带结，以使穿着更加舒适。

橄榄褐色毛哔叽上衣是美国陆军于1926年引进，采用开放式衣领和尖翻领。1944年秋季，这种上衣逐渐被新式军服所取代，但到战争结束时也没有完全淘汰。

M1944型橄榄褐色毛料野战夹克是1944年4月艾森豪威尔将军决定采用的，因此被称为“艾克夹克”。同年5月，这种原本由英国生产的毛料野战夹克开始在美国生产。然而，尽管“艾克夹克”被证明是取代常服上衣的一种非常好的制服，但在欧洲战区并不是很受欢迎，使用范围不如原来的M1943型野战夹克。

Ⓜ 身穿礼服的奥迪 · 墨菲
（美军在二战期间最著名的士兵）

4.2.2 礼服

1938年8月17日，美国陆军为其军官队伍采用了两种新型礼服，一种是蓝色礼服，另一种是基于夏季和热带地区服役时穿着的白色礼服。1940年6月，陆军部对礼服的穿着不再强制要求，军官可以自行决定何时穿着这两种礼服。

一套蓝色礼服主要包括蓝色大檐帽、蓝色礼服上衣、蓝色礼服长裤和腰带等。大檐帽的黑色皮革帽舌上带有金丝橡树叶刺绣图案，不同兵种的帽墙颜色也有所不同。礼服上衣由深蓝色的毛华达呢制造，采用开放式衣领，带有4个衣袋。礼服上衣的肩部有矩形肩带，背景色是兵种色，并配有军衔标志。礼服上衣的袖子上带有军官装饰性的金色和红色花边饰带，US徽记和兵种标志用别针别在领口和翻领恰当的位置上。礼服长裤也由毛华达呢制造，颜色比上衣略浅，牙线也采用兵种色。腰带是皮革和织锦腰带，装饰着金色和红色。

一套白色礼服主要包括白色礼服上衣、白色礼服长裤、白色衬衫、黑色领带、黑色浅口皮鞋等。礼服上衣和长裤均由白色棉料制作，基本样式与蓝色礼服相差无几，上衣也有4个衣袋和4颗金色纽扣，但长裤牙线没有兵种色。

知识链接

奥迪·墨菲（Audie Murphy，1924年6月20日～1971年5月28日）生于美国德克萨斯州亨特县，他在二战欧洲战场中战功赫赫，并获得了荣誉勋章，堪称美军在二战期间最著名的士兵。退役后他成为一名电影演员，共演出过44部电影。据称，美国超级英雄电影《美国队长》的主角史蒂芬·罗杰斯的原型便是奥迪·墨菲。

4.2.3 野战服

二战期间，美国陆军大范围引入了新型M1941野战夹克，使常服和野战服的区别变得明显起来。在1942年秋季，面对大量关于战斗制服的投诉，美国陆军又开始发展一种“通用”的战斗制服来取代以前的制服，包括野战夹克、寒区夹克、麦基诺大衣、毛料大衣以及一些特种服装（如伞兵、装甲乘员、山地部队服装等），其中以M1943野战夹克最为著名。

↑ M1943野战夹克

M1943野战夹克是一种棉制四衣袋夹克，颜色为橄榄褐色。前襟由7个褐色塑料纽扣闭合，袖口带有衬料。内衬为浅色府绸面料，带有腰部调节带。

4.2.4 工作服

1941年5月，美国陆军部宣布旧式的蓝色粗斜棉布工作服将分阶段被新型绿色人字形斜纹布制服取代。新式工作服的面料进行过化学处理，曾配发给欧洲战区用于诺曼底登陆行动。另外，新式工作服也可以作为夏季及热带地区的战斗制服使用。

↑ 身着工作服的美军士兵

4.2.5 突击背心

二战期间，美军采用的突击背心是在英国样式出现后匆忙赶制而成。在1944年开始大批量生产，以利于诺曼底登陆行动。这种突击背心的前部有4个大口袋，较低位置有2个稍小的手榴弹袋，2种口袋均带有长拉带，以便更方便地取出物品。环绕腰部的8个金属孔可以帮助携带其他装备，如手枪套和工具等。突击背心有2种颜色可供选择，即橄榄褐色和绿色。

↑ 诺曼底登陆行动中美军配发的突击背心

↑ 穿着突击背心的美军士兵

4.2.6 内衣

二战期间，美军配发的内衣主要有橄榄褐色夏季无袖汗衫、白色或橄榄褐色棉料短裤、白色棉毛混纺汗衫、毛料汗衫、特殊棉料衬裤、橄榄褐色棉毛混纺衬裤等类型。其中，橄榄褐色夏季无袖汗衫使用棉料针织，白色棉料短裤使用珍珠母纽扣，橄榄褐色棉料短裤则使用绿褐色塑料纽扣。

橄榄褐色棉料短裤

4.3 其他部件

除盔帽和衣裤外，二战时期美军还大量配备了各种手套、靴子、腰带、眼罩和护目镜等配件，以全面提高部队的作战能力。由于型号众多，本部分仅罗列一些最具代表性的款式加以简单介绍。

橄榄褐色毛料手套

橄榄褐色毛料手套是美军制式配发的冬季手套，掌心位置缝有皮革，不能作为工作手套使用。

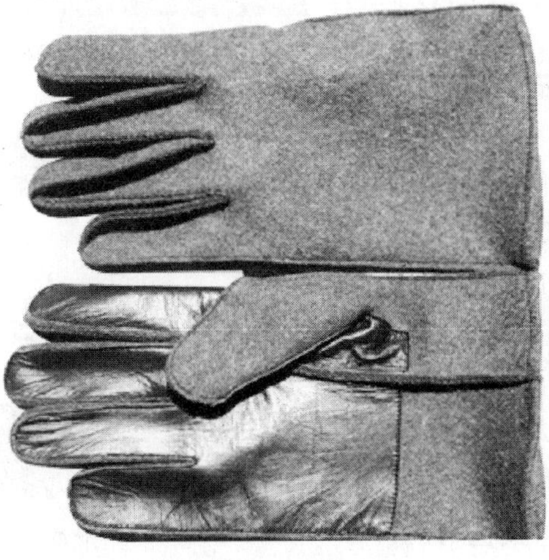

橄榄褐色毛料手套

M1942 石棉手套

M1942石棉手套是一种石棉制作的连指手套，主要用于更换枪管时保护手部，它可以耐受370℃的高温约15秒。

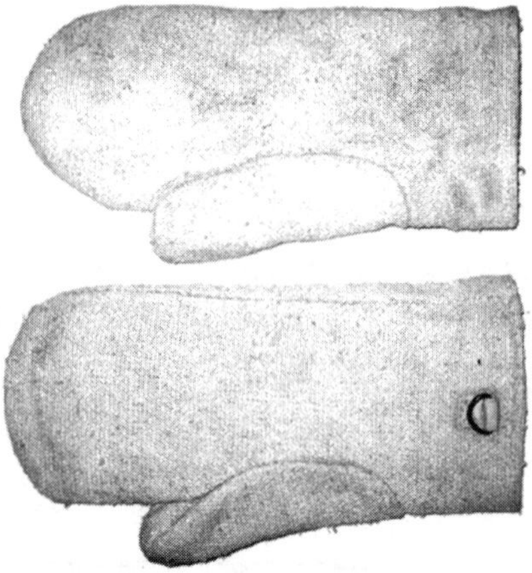

M1942石棉手套

M1943 作战靴

M1943作战靴在1943年11月成为美军的标准装备。这种作战靴的靴筒较高，用2个搭扣和皮带系紧，取代了以前的绑腿，大大简化了后勤补给和战场使用。早期生产的M1943作战靴的靴筒内衬表面采用橄榄褐色帆布制成，后期产品改为白色帆布。不过，直到战争结束，这种作战靴也未能保证充足供应，游骑兵和一些正规步兵单位就使用一些伞兵跳伞靴当作代用品。

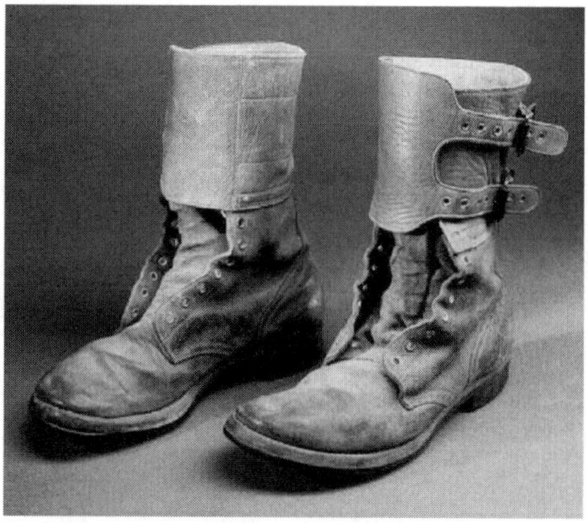

M1943作战靴

M1936 手枪腰带

M1936手枪腰带是一种编织腰带，主要配发给使用手枪、卡宾枪、冲锋枪的武装人员以及医务人员。US的标记位置在腰带外侧，而生产商与生产时间则在腰带内侧。这种腰带主要挂带手枪弹匣袋和手枪套等，也可以挂带水壶和急救包等。

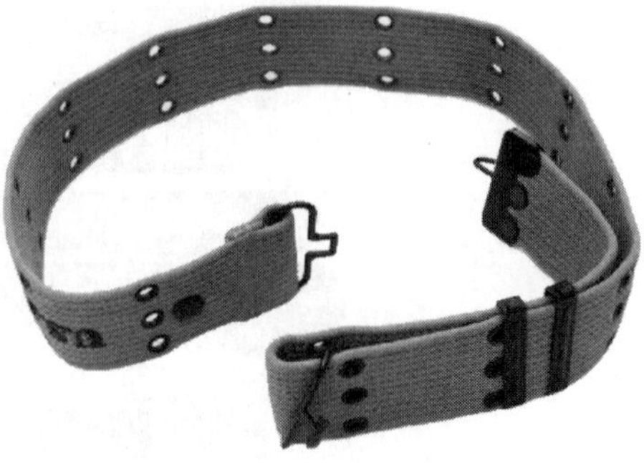

M1936手枪腰带

M1926 救生腰带

M1926救生腰带是美国海军采用的标准救生用具之一，也提供给陆军人员用于两栖行动。这种救生腰带可以通过靠近前腰带扣的2个二氧化碳气筒迅速充气，提供救生所需的浮力。

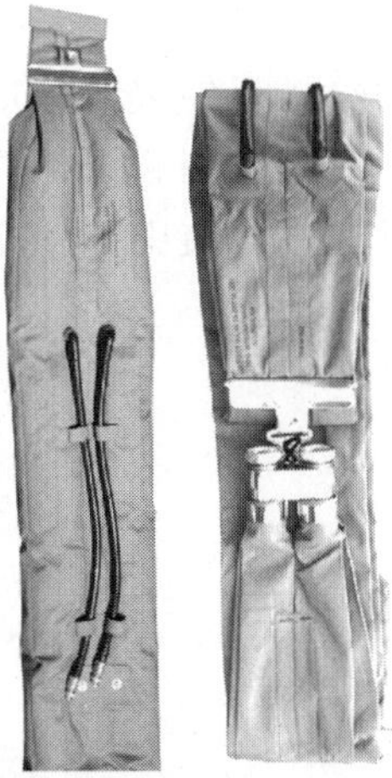

M1926 救生腰带

M1 眼罩

M1眼罩是一种防糜烂性毒气眼罩，使用醋酸纤维素制造，为可消耗品。该眼罩通常在防毒面具袋内携带。4个打开的眼罩平放存储在厚纸袋内，其中2个是清晰型，2个是深绿色的彩色型。虽然M1眼罩是一种防毒气眼罩，但它经常被作为挡风和遮挡灰尘的护眼罩使用。

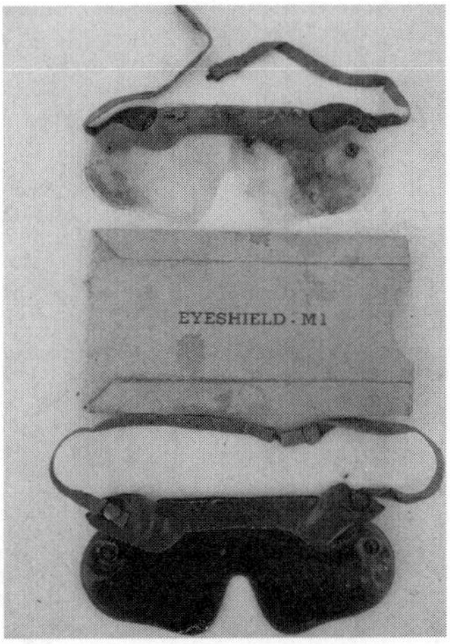

M1 眼罩

M1943 护目镜

M1943护目镜是一种防风、防尘、防眩光的护目镜，使用醋酸纤维素制造，有透明、红色和绿色3种镜片。红色和绿色护目镜配发时，一般用简单的纸袋包装，纸袋上印有军用物资储存编码和指示说明。透明护目镜一般用绿色人造皮袋包装，皮革镜框内部有“US 1943”的油墨印记。红色护目镜配发给机枪手使用，以便于跟踪曳光弹道。

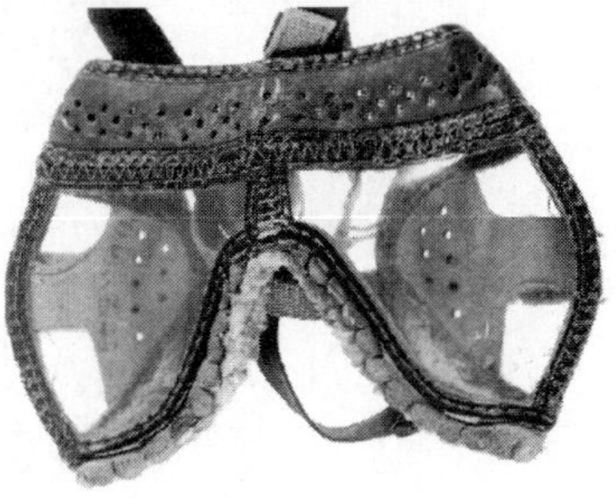

M1943 护目镜

M1944 护目镜

M1944护目镜采用模压黑色橡胶面罩，镜片比M1943护目镜更宽，因此视线更好。该护目镜通常存储在有金属加强角的纸盒内，配发给美军大多数战斗部队，以及装甲和摩托化部队。

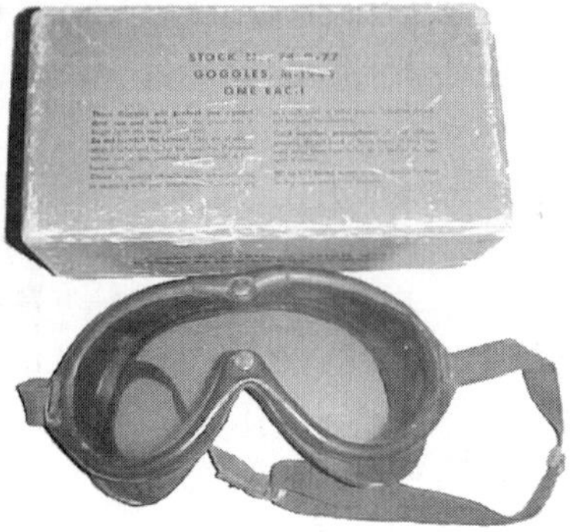

↑ M1944护目镜

1021型通用偏光护目镜

1021型通用偏光护目镜是美军于1942年开始装备的护目镜，采用海绵橡胶镜框和透明镜片。该护目镜通常存储在绿色人造皮革袋内，并配有备用的醋酸纤维素制作的绿色厚镜片。

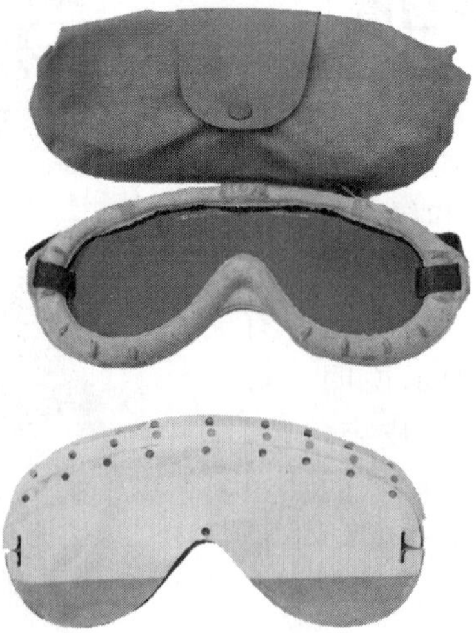

↑ 1021型通用偏光护目镜

第5章

奖惩分明

——标志和徽章

二战期间，美国投入了大量的人力和物力，参战部队数量众多。这些部队都有自己的识别标志，而美国军队为了激励部队士气和表彰立功人员，设立了一系列奖章和勋章。这些标志和徽章作为一种特殊的装备，在战争中起着不可忽视的作用。本章主要介绍二战时期美国军队使用过的各类标志和徽章。

5.1 臂章

一战末期，美军第一批布质单位标志出现时遭到了军方高层的抵制，但在士兵中却非常流行。1920年，这些布质标志最终获得批准。1930～1966年，大多数单位标志采用彩色细线刺绣在一块棉料底衬布上（平边布料），1966年后，改在边缘更厚的布底料上（锁边布料），以防止标志磨损。

二战期间，美国陆军在民间公司采购了许多布质臂章，陆军也自行生产了一些。这些臂章标志拥有一种非常具有特色的橄榄色边缘，这种橄榄色边在臂章背面也能看到。一些美军臂章也在欧洲地区进行生产，并且具有各种各样的不同原料颜色和设计款式。臂章佩戴在距离左臂肩缝下方约1.3厘米处。这些单位标志缝在制服上衣和短夹克、毛料或棉料衬衫、毛料大衣以及其他野战夹克上，但不能在工作服上佩戴。在战争期间，美军各集团军群、集团军、军、师以及一些特别单位均有专属的臂章，另外还有一些幽灵单位也设计了臂章，用以迷惑敌人。由于数量众多，本部分仅罗列小部分臂章，以便了解二战期间美军臂章的特点。

知识链接

1944年，当一名老兵被分配到新的单位后，在新单位仍然可以在右臂佩戴以前作战的单位臂章（参战臂章）。

第1集团军群的臂章

第6集团军群的臂章

第9集团军群的臂章

第12集团军群的臂章

第15集团军群的臂章

第1步兵师的臂章

第2步兵师的臂章

第3步兵师的臂章

第4步兵师的臂章

第5步兵师的臂章

第6步兵师的臂章

第7步兵师的臂章

第8步兵师的臂章

第9步兵师的臂章

第6空降师（幽灵单位）的臂章

第17步兵师（幽灵单位）的臂章

5.2 袖　章

袖章是一种佩戴在手臂上的识别标志，表明一种特别的指派作用，可以是临时性的，也可以是永久性的。二战时，美军袖章的规格为10～20厘米，佩戴在左臂上，位置通常在肩部与肘部之间。

陆军野战集团军总部参谋袖章

师部参谋袖章

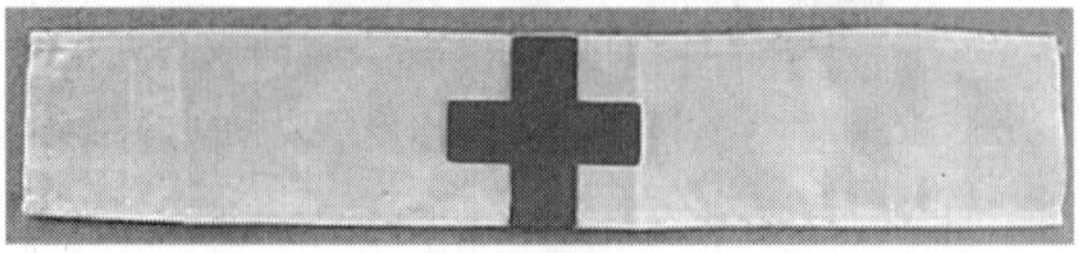

日内瓦协议规定的战场医疗非战斗人员或中立人员佩戴的袖章

宪兵袖章

5.3 领徽

二战时期，美国陆军军官的标志符号用别针钉在制服上衣的翻领上，“U.S.”的国籍领徽则置于翻领缝上方。当军官将衬衫作为外服穿着时，军官军衔符号佩戴在翻领的右边，兵种勤务符号则佩戴在左边。在1942年8月以前，“U.S.”的国籍领徽佩戴在右领口，军衔符号则佩戴在肩章上。

正规陆军士兵在常服或短夹克的右侧领口佩戴国籍领徽，而武装与勤务部队兵种领徽在左侧领口，外套翻领和船形帽上佩戴单位徽章。正规陆军士兵领徽与军官领徽的主要区别在于前者有圆底，而后者没有。

军官国籍领徽

化学部队军官领徽

正规陆军士兵国籍领徽（左）和海岸炮兵领徽（右）

化学兵领徽　步兵领徽　工兵领徽

5.4 团队识别徽章

团队识别徽章是一种多由团级和营级单位佩戴的小型珐琅金属徽章。1923 ～ 1943年间，美国陆军共有2000种以上不同的设计方案被军方批准。直到1943年1月2日，还有1000多个设计方案等待批准。不过，由于战争造成的战略金属特别是铜的短缺，美国陆军部暂停了单位徽章的审批。

团队识别徽章的佩戴方法为：士兵在船形帽的左前部，同时在毛料大衣或夹克两侧翻领上佩戴；军官在制服肩章上佩戴，也可以用别针别在军官船形帽的左前方。不过，1942年8月以后，军官通常要在这些位置佩戴军衔标志，不再佩戴团队识别徽章。

第2步兵团的团队识别徽章

第22步兵团的团队识别徽章

5.5 军衔标志

二战期间，美国军官的军衔标志可以在军服上衣、野战大衣、野战夹克的肩章上佩戴，也可以在船形帽的左前部佩戴，同时，军衔也可以在军官穿着衬衫时钉在衬衫右边领口位置。军官军衔所表达的寓意是：在广袤的美洲大地上生长着一棵枝繁叶茂的老橡树，它粗壮的树干（准尉、少尉、中尉）上有许多的树枝（上尉），树枝上有无数的橡树叶（少校、中校），树叶中有一只雄鹰（上校）在仰望繁星漫天（将官）的苍穹。

士兵军衔的V形徽章缝制在士兵制服袖筒的肩与肘中间，可以在毛料大衣、毛料制服和短夹克、衬衫、野战夹克上佩戴，但军方不允许在工作服上佩戴士兵军衔。士兵佩戴的表示军衔的V形徽章称为“Chevron”，在建筑学里是V形房顶的意思。从纹章学的角度来看，V形徽章是古代为宗族首领效力的那些骑士或者其他武装人员用来表达忠心和荣誉的标志。传说一个骑士佩戴多少个V形徽章，就代表他攻占过几个城堡。因此，攻占的城堡越多的人官阶自然越高了，这就是用这种V形徽章来代表军队的军阶的来源。而军士长军衔式样中的菱形或其他形状的内嵌，纹章学的解释是代表着杰出的成就。

知识链接

纹章学（Heraldry）是西方一门研究纹章的设计与应用的学问，此词源自古法语“传令官”（heraut, hiraut）。据说在中世纪的马上比武大会上，骑士全身披挂，只能通过盾牌上的纹章辨识身份。大会上的传令官据此向观众报告骑士的比武情况，渐渐“传令官”成了“纹章专家”的代名词，纹章学问一词也就由此衍生。

5.5.1 美国陆军军衔

1941年12月7日前的美国陆军如同一支警备队，唯一的上将就是陆军部长乔治·卡特利特·马歇尔（George Catlett Marshall），部队的最大编制只是师。不过，随着战争的扩大，军队规模越来越大，军衔等级也与日俱增，先后增设了五星上将（1944年年底）、高级准尉和一级军士长等军衔。

5.5.1.1 军官

二战期间，美国陆军军官的军衔样式依次为将官、校官、尉官。

将官：五星上将为5颗银星，上将为4颗银星，中将为3颗银星，少将为2颗银星，准将为1颗银星。

校官：上校为银鹰，中校为银槭树叶，少校为金槭树叶。

尉官：上尉2道银杠，中尉1道银杠，少尉1道金杠。准尉符号为褐色金边的圆头横杠，高级准尉嵌有1个金色长条，初级准尉嵌有1个金色竖杠，陆军航空兵准尉的符号则是天蓝色金边的圆头横杠。

五星上将

上将

准将

少将

中将

少校

中校

上校

少尉

中尉

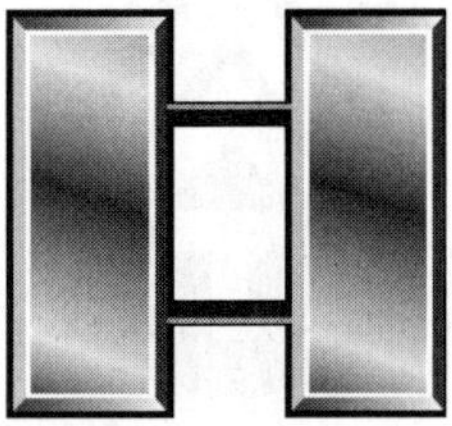

上尉

5.5.1.2 士兵

陆军士兵按军人类别分为普通士兵、技术兵和专业勤务兵3类，他们的臂章样式各异。

普通士兵的军衔臂章以角线（角向上）和弧线的数量来区分军衔等级：一级军士长为3角线3弧线，二级军士长为3角线2弧线，上士为3角线1弧线，中士为3角线，下士为2角线，一等兵为1角线，二等兵则无军衔标志。

技术兵的军衔臂章样式与普通士兵基本相同，只是在臂章上增加一个“T”（代表Technician，技术），在技术兵中不设一级军士长、二等兵等军衔等级。

专业勤务兵的军衔臂章用1条角线和若干的弧线来区分军衔的等级。也有一些在臂章上印上专业符号，例如炊事兵为厨师帽、卫生兵为天使飞翅和蛇杖等。

↑ 一等兵

↑ 下士

↑ 中士

↑ 上士

↑ 一级军士长

↑ 五级技术员

↑ 四级技术员

↑ 三级技术员

5.5.2 美国海军军衔

美国海军在战争之前就已经建成为“远洋海军”，其上将数量也要比陆军多，例如海军部长、海军参谋长、太平洋舰队司令、大西洋舰队司令等全为海军上将。与今天的美国海军军衔结构相比已经非常接近。

5.5.2.1 军官

将官：包括海军五星上将（1944年增设）、海军上将、海军中将、海军少将、海军准将。

校官：包括海军上校、海军中校、海军少校。

尉官：包括海军上尉、海军中尉、海军少尉。

海军少尉

海军中尉

海军上尉

海军少校

海军中校

海军上校

海军准将

海军少将

海军中将

海军上将

海军五星上将（1944年增设）

5.5.2.2 准尉

包括海军一级准尉（1942年增设）、海军二级准尉。

5.5.2.3 士兵

士官：包括海军一级军士长（1943年设）、海军二级军士长（1942年设）、海军三级军士长。

军士：包括海军上士、海军中士、海军下士。

水兵：包括一等水兵、二等水兵。

5.5.3 美国海军陆战队军衔

在美国参加二战前，美国海军陆战队中的少将、准将都是凤毛麟角般的存在，但是在战争胜利时拥有了不少上将、中将。到二战结束时，美国陆战队的军衔等级如下。

将官：包括陆战队上将、陆战队中将、陆战队少将、陆战队准将。

校官：包括陆战队上校、陆战队中校、陆战队少校。

尉官：包括陆战队上尉、陆战队中尉、陆战队少尉。

准尉：包括陆战队高级准尉、陆战队初级准尉。

士官：包括陆战队一级军士长、陆战队二级军士长。

军士：包括陆战队上士、陆战队中士、陆战队下士。

列兵：包括陆战队一等兵、陆战队二等兵。

陆战队一级军士长

陆战队上士

陆战队中士

陆战队下士

5.6 奖章与勋章

奖章与勋章是美军奖励制度的主要形式，其目的是以有形的方式承认和表彰军人的非凡功绩、成就或英勇行为，以及高超的专业技能、博深的资历和非直接参加战斗的英雄事迹。除一些可授予退役军人和非军人的奖励外，大部分奖励只授予正在军队服役的人员，概括分类如下。

（1）集体奖励

- 步兵与卫生兵军功飘带
- 外国集体勋章
- 战役军功飘带，战争服役功勋飘带与银色战役嘉奖飘带
- 集体勋章

（2）个人奖励

- 服役奖章
- 服役证书
- 表彰英勇行为或成就的勋章
- 外国个人奖章
- 作战与特种技能徽章及纪念章
- 品德优良奖章（仅限士兵）

5.6.1 勋章

授勋，是对履行职责时所表现的英雄行为或取得的卓越成就的一种表彰。但是，这些英雄行为和成就不可能完全一致，所以在对他们进行表彰时，奖励的程度也有所不同，这就划分了不同等级。美国最高军事荣誉头衔是荣誉勋章，所有军种的官兵都有资格获得。荣誉勋章以下，陆军人员可以获得的其他勋章按顺序排列为：服役优异十字勋章、服役优异勋章、银星勋章、荣誉军团勋章、军人勋章、铜星勋章、紫心勋章。另外，还有部分勋章是在二战后才设立的，但可以颁发给在二战中立功的人员。

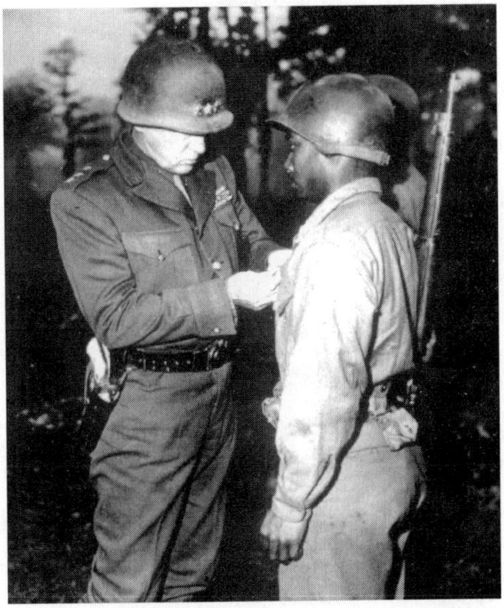

巴顿将军为黑人士兵授勋

5.6.1.1 荣誉勋章

荣誉勋章（Medal of Honor）是美国政府颁发的美国最高军事荣誉头衔，授予“在战斗中冒生命危险，在义务之外表现出英勇无畏”的军人，由兼任

三军总长的美国总统代表全国人民亲自颁发。荣誉勋章的历史可追溯至1862年美国内战期间，迄今已颁发了3460余次。美国四个军种的成员都有资格获颁这份荣誉，而每个军种授予的荣誉勋章各有其独特的设计。

知识链接

荣誉勋章是美国唯一不能合法买卖的奖章。非获得人在公共场合穿戴它也是违法的。违法者可在美国法典第18章33节704条下被判罚款及监禁不超过1年。

陆军版荣誉勋章（1904～1944年）

海军版荣誉勋章（1913～1942年）

获得荣誉勋章并不意味着获勋者可以享有特殊的个人特权，也不意味着免除了其应该履行的军人义务。但是在有空余舱位的情况下，获得荣誉勋章的个人可以免费乘坐军事空运司令部的飞机，其子女只要符合规定条件，可以不受名额限制由美国军事学院录取。获得荣誉勋章的陆军人员可以向位于弗吉尼亚州的陆军部总部申请将自己的姓名列入荣誉勋章人名录。列入人名录或其他符合条件的人员经申请后，可以终身享受每月200美元的特别养老金。

5.6.1.2 服役优异十字勋章

服役优异十字勋章（Distinguished Service Cross）是美国国会于1918年7月9日通过设立的，它主要授予那些以任何身份在陆军中服役时与美国敌人的战斗中、同外部敌对势力发生冲突的军事行动中或在国外服役时参加的友军与敌军的武装冲突中表现优异，却不能获得荣誉勋章的人员。

服役优异十字勋章是美国陆军成员能被授予的第二高等级的勋章。其主体为青铜材质，高约50.8毫米，宽约46毫米。中央刻有一只被花环包围的老鹰，在鹰的下方有一纸卷，上刻有“为勇气”（FOR VALOR）字样。在勋章的反面，被花圈环绕着的中央留空，用以刻上受勋者的名字。绶带宽35毫米，中央为约25.4毫米宽的皇室蓝条带，边缘则是细的白色和红色的条带。

服役优异十字勋章

5.6.1.3 银星勋章

银星勋章（Silver Star）是一项美军跨军种的通用勋奖，用于表彰面对敌人时的英勇行为的军事奖章。它是美国联邦军事勋奖中等级最高的军事奖章，也是能够颁发给美国军队各军种第三高等级的，仅次于荣誉勋章和服役优异十字勋章。

银星勋章区别于服役优异十字勋章的地方在于英勇行为的等级较低，并且不要求获得者当时在一个责任重大的位置上（如战斗的指挥官）。银星勋章的主体是一个外径38毫米的金色五角星，金星的中央是一圈月桂花环，环绕着正中5毫米大的银色五角星和金色的射线。勋章的背面刻有“授予行动中的英勇行为”（FOR GALLANTRY IN ACTION）字样。绶带宽35毫米，中央是一条代表荣誉的红条，向外则是交错的蓝白条带。

银星勋章

2次以上获颁银星勋章的陆军和空军人员在佩戴时加佩铜橡叶簇装饰，5枚铜橡叶簇折合1枚银橡叶簇。

5.6.1.4 功绩勋章

功绩勋章（Legion of Merit）于1942年7月20日由美国国会决定设立。这种勋章授予美国武装部队或盟军中在服役期间功绩卓著的人员（通常是主要人员）。对于与战争无关的服役人员，“主要人员”一词所适用的范围比在战争时期要窄些。授予美国国民功绩勋章时不分等级，每次奖励均颁发一枚功绩勋章，

功绩勋章

但依据陆军条例第672-5-1号规定的条件授予外国军人功绩勋章时，则分以下4级：总司令、司令官、一般军官及外籍军团成员。

5.6.1.5 铜星勋章

铜星勋章

铜星勋章（Bronze Star Medal）由1944年2月4日颁布的9419号总统令设立。它可由国防部长或国土安全部长颁发给美国陆军、海军、海军陆战队、空军和海岸警卫队的成员。

该勋章颁发给那些同美国敌人作战时表现出英勇行为，但未达到银星勋章授予条件的人。铜星勋章也可以用来表彰那些在武装部队中担任任何职务，在面对美国敌人、与敌对外国势力的军事行动中或在友军中服役时参与了友军与敌对势力的武装冲突中，实行的非凡的英勇行为。

铜星勋章是珠宝商鲁道夫·弗罗因德设计的。铜星勋章为直径38毫米的铜质星形，在中央部位有一个直径4.8毫米的星形图案。勋章的背面刻有“英勇或富有功绩的成绩”（“HEROIC OR MERITORIOUS ACHIEVEMENT”）字样以及奖章获得者的名字。

5.6.1.6 紫心勋章

紫心勋章

紫心勋章（Purple Heart）是世界上仍在颁发的历史最悠久的军事荣誉，而且是第一种向普通士兵颁发的勋章。它于1782年8月7日由乔治·华盛顿设立，当时叫军功章，专门授予作战中负伤的军人，也可授予阵亡者的最近亲属。尽管这枚勋章在今天的美国勋章中级别不高，但它标志着勇敢无畏和自我牺牲精神，在美国人心中占有崇高地位。在佩戴时，紫心勋章应排在铜星勋章之后。

知识链接

目前得到紫心勋章的最多数为8枚，由6人共同保持此纪录。

5.6.1.7 飞行优异十字勋章

飞行优异十字勋章（Distinguished Flying Cross）是一项美军跨军种的通用勋奖，它被授予1918年11月11日后执行飞行任务时表现出英勇行为或有特殊功绩者。在此之前立功的人员也可被授予此勋章，不过前提是其未因此功而被授予荣誉勋章和服役优异十字勋章。

飞行优异十字勋章图案由伊丽莎白•威尔及亚瑟•E•迪布瓦设计。其主体为铜质十字，十字缝隙中有放射线条。勋章正面十字上有突出的十字螺旋桨图案，同时放射线条组成一个方形。背面无图案，但刻有获得者的名字及军衔级别。

2次以上获得该勋章的陆军及空军人员在佩戴时加铜橡叶章（Oak Leaf Cluster）装饰，5枚铜橡叶章折合1枚银橡叶章。

⊕ 飞行优异十字勋章

5.6.2 奖章

5.6.2.1 美国国防服役奖章

1941年6月28日设立，授予1939年9月8日～1941年12月7日（即美国宣布战争状态以前）服役满1年或以上的军事人员。

⊕ 美国国防服役奖章

（American Defense Service Medal）

5.6.2.2 美洲服役奖章

1942年11月6日设立，授予1941年12月7日～1946年3月2日期间在美洲战区服役一定时间的人员。

⊕美洲服役奖章（American Campaign Medal）

5.6.2.3 欧洲-非洲-中东服役奖章

1942年11月6日批准设立，授予在1941年12月7日～1945年11月8日在相应战区连续服役30天（或累积满60天，如参加战斗则更短）的武装部队人员。每参加一次战斗或战役，就可以在绶带上用别针钉缀一颗铜星，铜箭头则代表参加战斗伞降或两栖登陆行动。

⊕欧洲-非洲-中东服役奖章
（European-African-Middle Eastern Campaign Medal）

5.6.2.4 陆军妇女队奖章

1943年7月29日设立，授予在1942年7月10日～1943年8月31日期间在陆军妇女辅助队（WAAC）服务和在1943年9月1日～1945年9月2日期间在陆军妇女队（WAC）服务的人员。

陆军妇女队奖章（Women's Army Corps Service Medal）

5.6.2.5 空军奖章

空军奖章（Air Medal）是根据1942年5月11日第9158号总统令设立的，并在1982年9月11日进行了修正。空军奖章授予以任何身份在陆军中服役或工作期间参加空中飞行任务时功绩卓著的任何人员。它用于表彰在战斗中，至少6个月作战时间内定期和连续参加实际飞行任务，并持续出色履行职责的人员。

空军奖章

5.6.2.6 陆军嘉奖奖章

陆军嘉奖奖章是根据1945年12月18日第377号陆军部通报设立的，并于1960年修正。该奖章用于授予自1941年12月6日之后在美国武装部队中以任何身份在陆军服役期间表现异常勇敢、功绩显著或服役出色的个人，而且还可以授予盟国武装力量中为美国和盟国共同利益而表现勇敢、功绩卓著或服役出色的个人。该奖章不授予将级军官。

此外，陆军嘉奖奖章也可用于表彰没有达到授予军人勋章的条件，且与战斗无关的英勇行为。

↑ 陆军嘉奖奖章（左为正面，右为背面）

5.6.2.7 品德优良奖章

1941年6月28日批准设立，用于表彰和平时期光荣完成3年服役期，且服役期间行为典范、工作有效且忠诚可靠的人员。1941年12月7日美国参战后，奖章的授予期限调整为1年。此章并非满足条件就能够自行获得，而是要经过指挥官批准（通常是营级以上军官）。

↑ 各个军种的品德优良奖章
（从左至右依次为陆军、海军陆战队、海军、陆军航空队、海岸警卫队）

5.6.3 勋略

勋略又称为略章、勋表等，是用来代表勋章、奖章等奖励的一种证章，是勋赏制度的组成部分。勋略为统一规格的长方形板条，其式样与所代表的勋章、奖章的绶带一致。

勋略在西方国家的军队中比较常见。因为年长的或功勋卓著的军官在军旅生涯中可能获得了大量的荣誉勋章。如果全部佩戴，“勋章会挂到肚子上的”（前苏联领导人赫鲁晓夫对苏军元帅朱可夫的评语）。这样便产生了勋略。几乎每一种奖章或勋章等，都会有对应的勋略。

美军勋略的佩戴原则是：最重要的荣誉勋略佩戴的位置离心脏最近；1列最多3个，上下最多佩戴4列。

荣誉勋章的勋略

服役优异十字勋章的勋略

银星勋章的勋略

铜星勋章的勋略

紫心勋章的勋略

飞行优异十字勋章的勋略

空军奖章的勋略

5.7 作战与特种技能徽章

5.7.1 战斗步兵徽章

1943年年底，残酷的二战已经进行了四年。美国军方认识到步兵是所有兵种中最为艰苦的。为了推动步兵兵种的征兵工作，美国陆军部在1943年11月中旬先后设立了两种特别的徽章：战斗步兵徽章（Combat Infantryman Badge，CIB）和专业步兵徽章（Expert Infantryman Badge，EIB）。这两种徽章佩戴在左胸口袋上方，在勋略的上方。

战斗步兵徽章

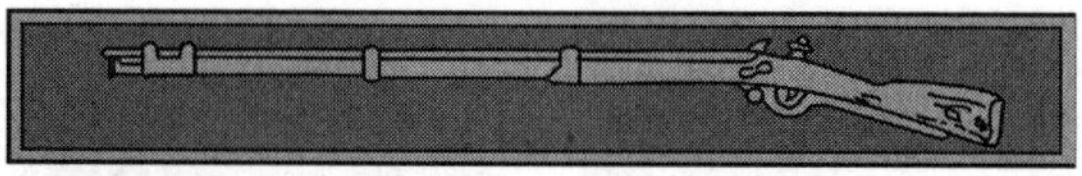

专业步兵徽章

战斗步兵徽章授予上校以下军衔的官兵（不包括医疗人员和随军牧师），条件是1941年12月6日后被分配至团及以下步兵单位，并参加了地面战斗的步兵人员。战斗步兵徽章由步兵师、步兵团和独立营级别的指挥部授予。

专业步兵徽章授予圆满完成并通过步兵专业水平的测试，包括射击、行军、徒手搏斗、巡逻、急救、战场机动与卫生等的步兵团或独立营的军官和士兵。

知识链接

获得战斗步兵徽章，每个月可获得10美元的奖金，而获得专业步兵徽章则是5美元。

5.7.2 战斗医疗兵徽章

1945年1月，美国陆军部设立了战斗医疗兵徽章（Combat Medical Badge，CMB），授予1941年12月6日后分配至步兵团及以下步兵单位中医务部门，圆满完成医疗职责，并在此期间参加过地面战斗的医务人员。战斗医疗兵徽章佩戴的位置与战斗步兵徽章一样，每月所能获得的奖金也一样。

战斗医疗兵徽章

5.7.3 驾驶员与机械员徽章

1942年7月28日设立，授予具有相应技能的军人，用别针佩戴在左胸口袋盖上，勋略的下方。驾驶员与机械员徽章（Driver and Mechanic Badge）具有多种不同的基本坠饰条，包括DRIVER-W（轮式车辆驾驶员）、DRIVER-T（履带及半履带车辆驾驶员）、DRIVER-M（摩托车辆驾驶员）和MECHANIC（机械员）等。

⊕ 驾驶员与机械员徽章

5.8 射手徽章

1880年，美国陆军设立了第一种资历章，授予射手。1921年，美国陆军制定了射手徽章体系，包括3种基本级别的射手徽章，并采用下缀饰条的方式来标明使用武器的种类。射手徽章佩戴在左胸口袋盖上，勋略的下方。

二等射手徽章：根据武器或取得资格课程成绩，最低得分在60%～77%的人员。

一等射手徽章：根据武器或取得资格课程成绩，得分在78%～87%的人员。

专家徽章：根据武器或取得资格课程成绩，得分在88%以上的人员。

下缀饰条的文字如下。

下缀饰条的文字	中文翻译	下缀饰条的文字	中文翻译
Rifle	步枪	Small bore rifle	小口径步枪
Pistol-D	手枪（徒步）	Small bore pistol	小口径手枪
Pistol-M	手枪（骑马）	Submachine gun	冲锋枪
Auto-Rifle	自动步枪	Small bore MG	小口径机枪

续表

下缀饰条的文字	中文翻译	下缀饰条的文字	中文翻译
Machine gun	机枪	Carbine	卡宾枪
Coast arty	海岸炮	Antitank	反坦克武器
Mines	地雷	81-mm mortar	80毫米迫击炮
Field arty	野战炮	60-mm mortar	60毫米迫击炮
Bayonet	刺刀	TD-37-mm	37毫米反坦克炮
Tank weapons	坦克武器	TD-75-mm	75毫米反坦克炮
CWS weapons	火焰喷射武器	TD-57-mm	57毫米反坦克炮
Machine rifle	机关步枪	TD3 inch	3英寸反坦克炮
Grenade	手榴弹	Antiaircraft weapons	防空武器
Inf Howitzer	榴弹炮		

⊕ 部分射手徽章

⊕ 射手徽章的佩戴位置

5.9 饰绳

1918年7月9日，美国国会通过一项法案，批准陆军部队可以获得和佩戴外国荣誉饰品。在一战结束时，美国陆军部队就可以佩戴法国授予的奖励，如战争十字勋章，法国人将这种勋章授予了美军个别人员或整支部队。二战期间，法国、比利时和丹麦等国的奖赏都曾授予美国陆军部队。一般来说，美国陆军部队从外国获得的荣誉会以饰绳的形式体现。所谓饰绳，就是吊在军服单肩上的装饰用结绳。

↑ 左肩佩戴饰绳的美军军官

5.10 身份识别牌

早在美国南北战争时，北军就开始在部队中配发身份识别牌。当时的身份识别牌非常简陋，只是一个小纸牌，上面写着携带者所属部队的番号及本人姓名。作战中，若有人员伤亡，根据其身份识别牌上的记载，别人就可以知道伤亡者属于哪个部队。虽然这种身份识别牌质地粗糙，并且作用单一，但它却开创了世界军事史上军人佩戴身份识别牌的先河。

一战时期，由于新式武器的巨大威力，许多士兵受伤或阵亡后已血肉模糊，没法辨认。而那些极易损坏的纸质身份识别牌已不能适应军队的需要，于是金属身份识别牌便在战火中应运而生了。美军在一战中佩戴的身份识别牌为圆形，由铝制成，在上面压印出佩戴者的部队番号、血型、姓名。当时，参战的各国军队基本上也都配发了金属身份识别牌，而美军在战争末期更是增加到每人2枚。到了二战时期，美军的身份识别牌又有了新的改进，其形状由圆形变为椭圆形，在材料上用铝合金取代了铝，使之更加坚实耐用，并且边缘处有一个小缺口。不过二战时的美军身份识别牌有一个缺点，就是各军种的形状都不一样，陆军偏小，海军陆战队与海军的大小也不一样，这给后勤保障带来了一定的困难。

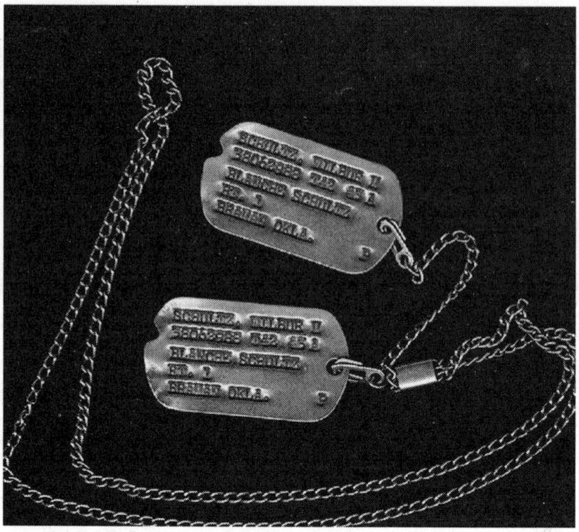

⊙ 二战时期美国陆军的身份识别牌

第6章

坚实后盾

——单兵口粮和战地用具

二战时期，美国的物资供应充足，显示出强大的经济实力和科技实力，这一点在单兵口粮和战地用具方面表现得也非常突出。本章主要介绍二战期间美国军队使用的各类战地用具以及单兵口粮等后勤类装备。

6.1 单兵口粮

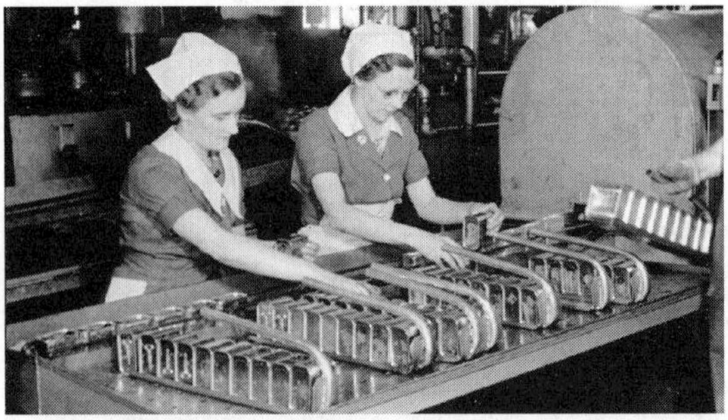

霍梅尔食品公司生产线上的斯帕姆罐头午餐肉

玛琳·黛德丽（二战期间最受美军欢迎的慰问演出明星）与美军军官一起食用罐头午餐肉

美国的战时物资供应充足，显示出强大的经济实力和科技实力。在食品方面，最具特色的是花样翻新的各式罐头。1937年，美国霍梅尔食品公司首次生产了“罐头午餐肉”。二战期间，斯帕姆罐头午餐肉成了盟军食品中的主要蛋白质来源。

1939年，美国军需部队引入了一种新的分类方法，将单兵口粮细分为四种：A口粮（A ration，新鲜食物，所有军用口粮中最少见也最宝贵的）、B口粮（B ration，罐装食物，主要为仍需加工的半成品）、C口粮（C ration，罐装食物，即时可吃）、D口粮（D ration，浓缩巧克力）。美国加入二战后，又增加了9种其他野战口粮，其中最常见的是K口粮（K ration）。

C口粮

C口粮是美军在二战中最常见、士兵们吃得最多的伙食。该口粮于1938年开始研制，设计用于没有餐厅的实战条件下的部队，要求便于单兵携带，满足三餐营养。

C口粮重约3千克，包装在6个小铁皮罐头内，另有一个附件包。其中3个铁皮罐头是肉类，称为M成分。另外3个铁皮罐头是面包类，称为B成分。6个罐头组成一天的口粮。多数情况下，美军C口粮为冷餐，但也可加热食用。附件包里面有9支高级香烟、净化水药片、火柴、卫生纸、口香糖和开罐头器。

M成分有多种配方：有肉和豆类，肉和蔬菜，肉和通心面条，腊肉，鸡蛋和土豆，肉和面条，猪肉和米饭，香肠和豆类，猪肉和豆类，腊肉和利马豆，鸡肉和蔬菜。这些东西煮熟后分装在铁皮罐头里，装在木头箱或纸箱里运往前线。后勤人员配餐时根据不同配餐方案组合而成。例如：M1号组合方案包括火腿，鸡蛋和土豆，肉和豆类，鸡，蔬菜；M4号组合方案包括猪肉和豆类，肉，通心粉，火腿，利马豆。无论哪种方案都兼顾了营养、热量和口味。

二战时期的C口粮

B成分也有多种配方：有饼干，混合压缩麦片，糖衣花生仁或葡萄干，速溶咖啡，蔗糖，速溶柠檬粉或橙粉，水果糖，果酱，可可饮料粉和褐色牛奶糖。后勤人员配餐时根据不同配方加入不同成分即可。例如B1号组合方案是：饼干、压缩混合麦片、咖啡、方糖块、糖衣花生仁。B4号组合方案与B1号大致一样，只是用巧克力取代了糖衣花生仁。

已打开包装的B成分C口粮

正在食用C口粮的德怀特·艾森豪威尔

正在食用C口粮的美军步兵

D口粮

D口粮也是二战中非常有名的食品，其成分只有一种——巧克力糖。D口粮是高热量的高级食品，由于所有的人都喜欢吃巧克力，美军也把D口粮当作鼓励士气的好东西。D口粮重124克，由位于宾夕法尼亚州荷西市的荷西公司生产。荷西公司在二战结束时共生产了30亿条巧克力，其生产能力的最高峰是每周2400万条。1943年，荷西公司还根据军方要求研制出耐热型产品——荷西热带巧克力。

知识链接

荷西热带巧克力以它不可抗拒的味道，在物资极其匮乏战争中风行全球，是最受欢迎的食品，也成了美国文化的象征。在电视剧《兄弟连》里就有一个镜头，E连的韦伯斯特把巧克力送给了一个从未品尝过巧克力的荷兰孩子。

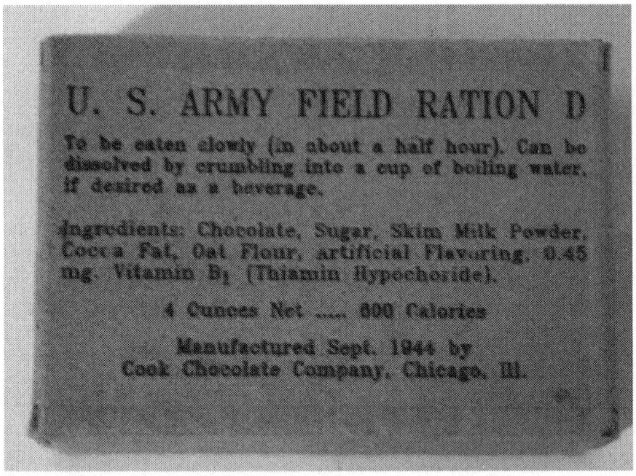

⊕ D口粮的外包装

⊕ D口粮

K口粮

K口粮最初于1942年起被美国陆军采用，最早使用K口粮的部队是伞兵。早期的K口粮包在棕色纸盒里，后来发展成彩色纸盒。早餐盒为棕色，正餐盒为绿色，晚餐盒为蓝色。这种颜色的区分使士兵们很容易选择自己需要的食物种类。

K口粮的正餐盒内有奶酪罐头、饼干、糖果、口香糖、饮料粉、砂糖、盐片、香烟、火柴、开罐头刀和木勺。晚餐盒内有肉类罐头、饼干、肉羹、糖果、口香糖、速溶咖啡粉、砂糖、香烟、开罐头刀、卫生纸和木勺。

二战后，K口粮由于提供的热量不足而被淘汰。

K口粮的早餐盒

K口粮的正餐盒

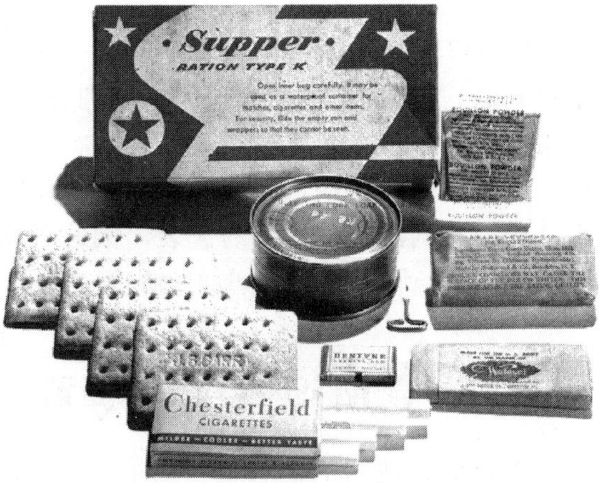

K口粮的晚餐盒

6.2 饮水用具

M1910水壶

M1910水壶是1910年生产定型的铝制军用水壶，集水壶、水杯、饭盒、汤盒、烧水、打水等功能为一体，堪称近代多用水壶的鼻祖。M1910水壶被美军在两次世界大战期间广泛使用，是美国服役时间最长、生产数量最大、使用范围最广、影响力最大的一种军用水壶。

M1910水壶的容量约0.95升，分为亚热带和寒带两种形式（实为两种壶套）。寒带型有一定的保温作用。水杯是外斜广口腰形，外装有折叠杯把手，携行时套在水壶外，对壶体具有一定的保护作用。水杯可用做饮水杯、饭盒、汤盒，还可当锅架在石头上烧水。折叠状态下利用杯把上的孔穿上绳子，即可从井里或较高的河岸上放到河里打水。由于是外斜广口设计，当壶体受较大外力冲击产生变形时，壶体仍可从水杯中拔出。M1910水壶受当时技术条件所限制，纯棉和呢子制作的水壶套容易吸水，在外界环境条件潮湿时，易遭虫蛀霉烂。

⊕ 功能齐全的M1910水壶

M1942水壶

M1942水壶采用不锈钢材料制造，水壶盖则采用塑料制造。随壶附有钢杯，杯上附有折叠手柄，方便使用者拿取。水壶套以帆布制成，内衬以羊毛，以吊钩与腰带结合。早期水壶套的吊钩缝固定部位面积太小，在经过剧烈运动后容易撕裂，因此后来在原固定部位外加装一块帆布，以增加其强度。

⊕ M1942水壶

M1941马上水壶套

骑兵部队使用的水壶套，带有可以调整的挂带，以便于钩挂在马鞍上。由于这种钩挂方式更牢固，有时候伞兵部队也会使用M1941马上水壶套。

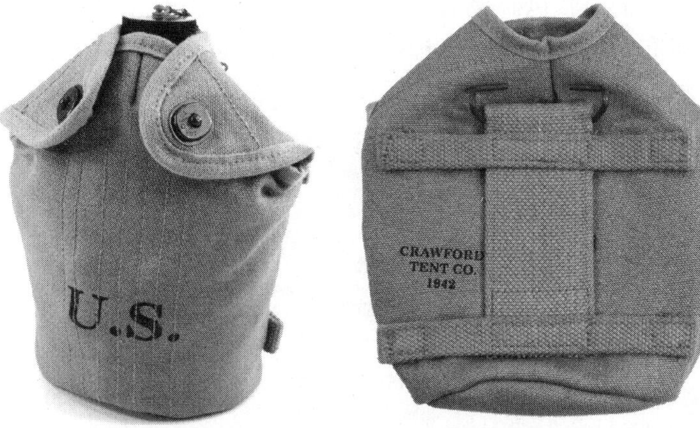

M1941马上水壶套的正面（左）和背面（右）

6.3 急救用品

卡莱尔急救盒

卡莱尔急救盒是由卡莱尔兵营（Carlisle Barracks）的美国陆军医疗装备实验室研制的急救用品盒，里面主要装着绷带卷。二战时期，几乎每位美军士兵都会携带一个卡莱尔急救盒。这种急救盒采用黄铜制造，可以防止盒内的绷带被毒气污染。此后，由于黄铜供应不足，逐渐改用紫铜或钢材制造。到了1943年，出现了一种塑料包装盒，为了防止这种包装在战场条件下变形和破碎，又专门设计了箔纸袋包装。战争后期，还出现了一种蜡纸板制造的包装盒，内部再装上用箔纸包装的绷带卷。

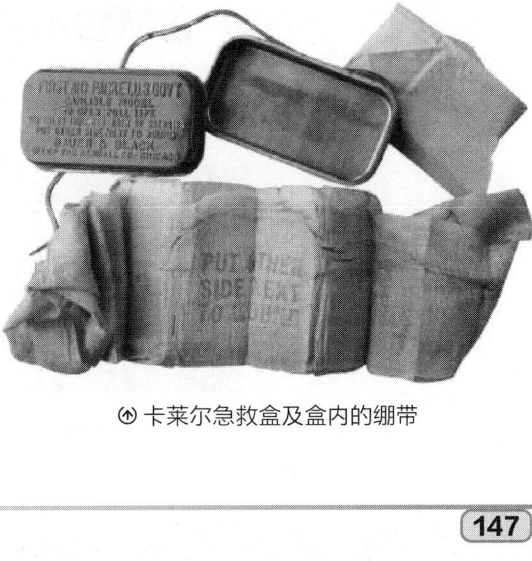

卡莱尔急救盒及盒内的绷带

M1910急救包

1910年定型的急救包，美军在两次世界大战中都曾广泛使用。该急救包采用橄榄褐色帆布制造，带有两个按扣，可通过后面的挂钩装在手枪腰带上。

⊕ M1910 急救包

M1924急救包

为容纳卡莱尔急救盒而设计，采用突起圆点按扣。

⊕ M1924 急救包

M1942急救包

为容纳更大规格的急救包纸盒和磺胺嘧啶药丸而设计。

⊕ M1942 急救包

6.4 背 包

M1928帆布背包

M1928帆布背包是二战中美军步兵的标准背包，采用帆布制造，可以作为轻型突击包使用，或者在底部增加背包（背囊）作为完整的野战背包使用。该背包的顶袋主要用于装肉罐头和刀叉餐具，工兵铲可以通过带有两个挂孔的固定带固定在顶袋下面，刺刀也可以同样的方式在背包左侧携带。背包的主袋通过口盖和水平束带捆扎闭合，可以容纳6份C口粮和梳洗用品，雨衣可以折叠后捆在背包内。背包有两条主背带和两条副背带，通过上面的挂钩连接在手枪腰带挂孔上。

⊕ M1928帆布背包

M1936野战背包

M1936野战背包是M1928帆布背包的替代品，用来代替军官或部分人员（如空降部队、装甲车乘员）的背包。这种背包可以使用挂带携行，也可以使用一种特殊的背带背在身体一侧。

⊕ M1936野战背包

M1938帆布公文包

M1938帆布公文包主要用于装载地图和文件，配发给军官和个别士官，与双筒望远镜一样都是限定配发装备。公文包内部有两个大隔仓，可以携带地图量角器、尺子、指南针、留言本、地图、通信指示或密码本等。公文包背后带有可以装铅笔、橡皮擦等物品的小插袋。

⊕ M1938帆布公文包

M1944战斗背包

M1944战斗背包采用绿色帆布和编织带制造，可分解为上下两个部分，即小的战斗背包和可以拆开的杂物背包。战斗背包的前包口盖缝有2个带有挂孔的布条，可用于携带工兵铲和刺刀。毛毯卷可以通过3条带有带扣的束带，捆在背包外面，卷在半防雨罩内。杂物背包通过4个快速脱卸带扣挂在战斗背包的下面。顶部带有1个提手，主要用来装载非必要的备用个人物品（如备用衣物和鞋袜等）。

⊕ M1944战斗背包

M1弹药包

M1弹药包使用帆布制造，可以用来携带所有种类的弹药，包括机枪弹匣、步枪弹匣、卡宾枪弹匣以及手榴弹和枪榴弹。

M1弹药包

6.5 工 具

M1910工兵铲

M1910工兵铲是二战爆发前美国陆军配备给士兵的工兵铲，属于M1910系列工具装备，一直使用到二战结束。该工兵铲带有T形手柄，标记戳印在木把和金属接套上，铲体为钢板冲压而成。M1910工兵铲配有卡其色铲套，采用帆布制造。

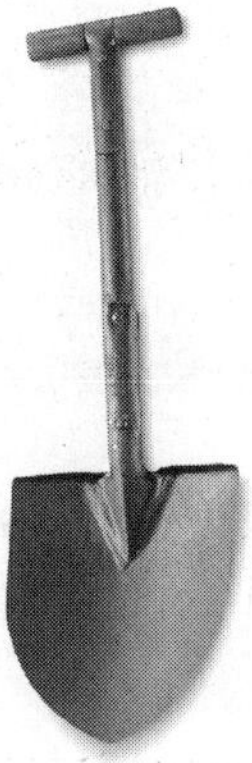

M1910工兵铲

M1943工兵铲

M1943工兵铲是美国陆军于1943年开始配发的新式工兵铲，采用折叠式设计，非常容易携带。该工兵铲兼具铲、斧、镐的功能，配有木质铲柄和帆布铲套。

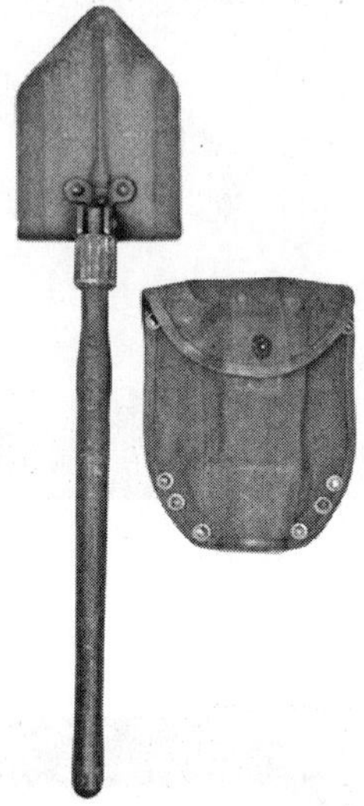

M1943工兵铲

M1910工兵镐

M1910工兵镐也是M1910系列工具装备的组件之一，可以分离成两个部分以方便携带，另外还配有镐套。

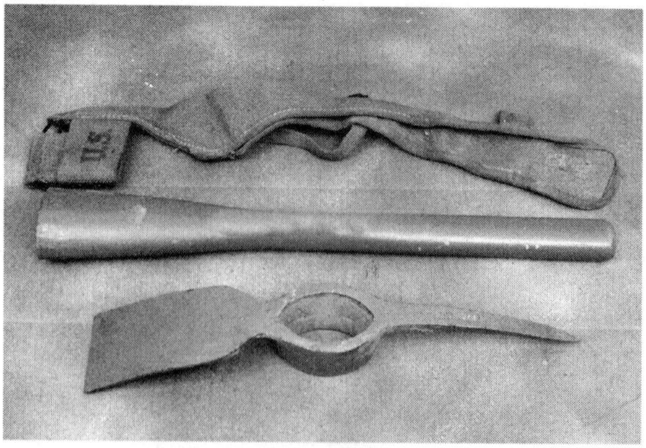

M1910工兵镐

M1910手斧

M1910手斧也是M1910系列工具装备的组件之一，配有斧套，斧套背后带有携带用的挂钩。

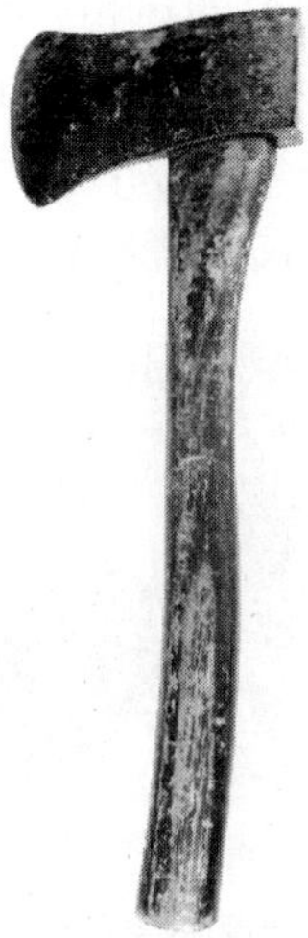

M1910手斧

M1942大砍刀

M1942大砍刀是一种长约45厘米的直背砍刀，作为美军在热带丛林地区行动的一件基本装备，美军士兵可利用它在茂密的热带丛林中穿行。这种砍刀使用时主要依靠砍劈动作的速度而不是砍刀本身的重量，砍劈时以手为中轴，拇指、食指和中指同时用力。刀鞘采用防水的厚帆布制造，比皮革更能经受热带地区潮湿环境的考验。

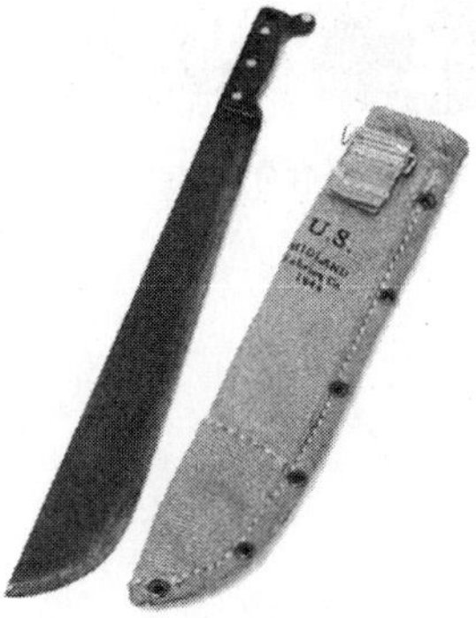

M1942大砍刀

M3望远镜

M3望远镜是美军在二战期间的制式装备，规格为6×30毫米。该望远镜开创性地使用了一种全新棱镜室结构，这种棱镜室只能从上面打开，使美军望远镜设计彻底摆脱了德式望远镜的风格，也称为美式棱镜结构。美式棱镜结构的望远镜不仅粗壮坚固，而且也利于密封，加之棱镜是以棱镜组的形式固定在棱镜室内，可以方便地整体更换，使得美式棱镜结构望远镜的维护性能也非常好。唯一不足的就是美式棱镜结构的望远镜重量和尺寸都比较大。

M3望远镜

M1938指南针

M1938指南针由美军军官和专业人员使用，没有大规模配发给普通士兵。

M1938指南针

二战兵器
图鉴系列

参考文献
REFERENCES

[1] 赫英斌. 二战美国陆军单兵装备[M]. 北京：北京艺术与科学电子出版社，2013.

[2] 哈斯丘. 对比与反差：二战经典武器[M]. 北京：机械工业出版社，2013.

[3] 莱茵. 机枪史话[M]. 北京：东方出版社，2011.

[4] 赫英斌. 二战美国海军陆战队单兵装备[M]. 北京：台海出版社，2016.